王玉江	王平康	王志鵬	王建中	王蓉生	王金銓	王津淮
王清華	王敬岱	王應清	王志雲	王萬福	牛東坡	牛碧坡
攵石巖	攵仕成	文安襄	方濟川	白維一	田容裝	左文宣
左希仲	左瑞衡	卡灝羊	伏康民	吉明奎	向國泰	朱玉銘
朱國平	朱慧初	朱錫國	朱璞吾	伍國俞	余中宇	余存崑
余恩蜀	余致齋	余健民	佘偉煌	何瑞	何世杰	何彥博
何偉欽	何儒林	何維成	李烈	李少白	李占瑞	李仕鈞
李志文	李志高	李克明	李勁宏	李闓科	李葆生	李傳受
李敬秋	李鳴皋	李漢金	李劍雲	李錫珠	李鏡三	李其恕
李自滋	呂克	巫漢光	巫漢章	祁澍	宋宏儒	沈乃龍
沈永洋	汪順昌	杜戚	岳樹鶱	岑策	周志文	周志聖
周歲好	周家仲	周森林	周顯承	吳芝貴	易定金	易錫鳳
林子光	邱大祥	招志強	柳克鏜	柳克輝	柳華陵	姚育材
姚雲龍	洪澤湖	候文德	胡怔	祝品榮	郭楓	郭肖儀
馬天祥	馬文超	馬可經	馬去錦	馬國標	馬德榮	馬龍
殷立邦	袁驥	袁國楨	袁培築	員藏文	梁雲天	梁建華
唐文烺	唐健保	唐精敏	徐闓礼	徐創成	徐家才	晏春雲
晉士濤	秦建邦	高廷鈺	高成楷	陳彤	陳元謹	陳永光
陳延祺	陳言孔	陳鉞	陳明照	陳炎通	陳柏華	吳永中
吳金澄	陳俊英	陳莊甫	陳偉鵬	陳順廉	陳漢安	陳榮勝

昔日伙伴別時易見時難

張　恩　　張定華　　張奉明　　張素勇　　張雲龍　　張南驊

張聯友　　張耀武　　黃　英　　黃　興　　黃　基　　黃友壽

黃救華　　張直恩　　黃焯華　　黃毓萱　　黃懋南　　黃通灼

馮北森　　馮振覽　　康致恭　　康東新　　達維松　　麥振華

麥培楨　　陸鳴鈞　　章勳熙　　馮宝良　　曹冠中　　曹憲坡

彭慶國　　程德勝　　游永棋　　溫慶榮　　葉慶元　　楊子江

楊復高　　楊濟蘇　　楊景義　　楊長雲　　鄔仁彬　　鄔永燿

董克一　　趙自忠　　蒲傳薪　　劉　雯　　劉文捷　　劉永迪

劉宗先　　劉政民　　劉建德　　劉書菜　　劉錦泉　　劉光斌

潘少俊　　潘鳳麟　　黎士良　　黎振本　　鄧文進　　蔡　俊

賴德鳴　　謝忠民　　魏中仁　　魏永世　　魏品蜀　　繆元喜

鄭乃德　　錢記安　　衛德慶　　簫遠瑞　　簫植生　　鍾　震

龍啓國　　廓閏江　　晶聯元　　羅化平　　羅玉泉　　羅樹標

譚漢州　　嚴奮顯　　朱燦先　　張國戚　　曹　環　　曹祥均

許祖圓　　許川貴　　鍾　權　　劉黃仁　　韋余愚　　郗　通

黃自遠　　李　炎　　喻國忠　　許明照

黑蝙蝠之鏈

王俊秀－著

序

　　本書的出版實在是一個意外，要不是我所居住的清大北院宿舍被拆掉、要不是當年李崇善上校曾受邀來此宿舍游泳休閒——許多的「要不是」激發了我的追根究柢的研究動力，也成就了這一本「意外」之書。原來清大北院宿舍的前身為美軍顧問團（MAAG）宿舍，並進而探討「美方勢力」，而連接至黑蝙蝠中隊。其實新竹地區的外國軍事勢力，還包括號稱日軍顧問團的「白團」、德軍顧問團的「立德班」與更早的日本神風特攻隊。

　　黑蝙蝠中隊（空軍34中隊）以新竹為基地，在1950與60年代為中美合作或爭取美援而成立的特種任務編組，主要任務為使用美方提供的飛機與設備，由我方空軍人員飛進大陸低空電子偵測，為美國中央情報局（CIA）搜集電子情報，因此為冷戰時期對峙的兩岸關係譜出一段機密而壯烈的歷史。先後出任務838次，犧牲148人。隨著資料的解密、口述歷史的出版、遺族迎回在大陸的遺靈、媒體的影像記錄與報導，當年機密任務的全貌漸漸的被拼湊出來，例如透過國防部《北斗星下的勇者》、衣復恩將軍《我的回憶》、傅鏡平先生《空軍特種任務作戰秘史》、815號機（B-17）殉國紀念集《赤空凝碧血》、李崇善上校的最新力作《暗夜傳奇》、鳳凰衛視拍攝的《天空下的秘密》等的出版與發行，軍事史的部分有了較完整的呈現。因此本書企圖以社會生活史的角度切入，與軍事史結合，使得黑蝙蝠中隊的事蹟更加全方位與完整。

　　「鏈」（chain）這個字多用於學術界，例如生態學的食物鏈、企管

界的商品鏈、價值鏈等,象徵有機互動的各種關係。黑蝙蝠中隊雖然部署於新竹,其空間之鏈遍及台灣各地、大陸、東南亞、韓國、日本本土、琉球、菲律賓、美國等,而其活動之鏈甚至包括成為越南與寮國航空公司的飛行員與成立華航等。當然其社會生活鏈更是本書的重點。

本書以口述歷史式的書寫方法,主要受訪人為電子官李崇善上校與夫人,李燕玲老師、李家珩先生一家人,自2006年結緣以來,常往李府跑,有吃有喝,自稱「炸遍」集團,成為另一種溫馨回憶。配合當年老照片,共分成三篇,上篇探討黑蝙蝠與執行任務相關的生活細節,從基地的指揮部、任務編組、隊史館,待命的「新房子」(新竹市東大路102號),到個人制服上的戰功飾條與黑蝙蝠出身的將軍,以及與黑貓中隊的交會;中篇探討黑蝙蝠的食衣住行休閒等生活點滴,橫貫公路首發團、在地生活足跡、軍中空姐及照相官、康樂股長等有趣的人與事,呈現任務外的社會樣貌。下篇美軍顧問團在新竹,一樣以社會生活史的角度探討同時期在新竹與基地的另一股美方勢力,雖然接近,卻無接觸,但他們卻為新竹留下了1950年代珍貴的彩色照片。

作者首先向見證過美軍顧問團歷史或出現在照片中的人致敬,並謝謝以下人士分享他們記憶中的珍貴歷史與照片:梅祥林先生、李崇善上校、鄭炳熹先生、羅安雄先生、冷媽媽張立慶女士、Bruce Rayle先生、吳慶瑋先生、莫松豫先生、Loren Aandahl 先生。作者以本書向黑蝙蝠中隊的所有隊員與家屬致敬,有了你們的奉獻,台灣因而不一樣。更要感謝接受口述訪談與提供寶貴照片與資料的黑蝙蝠英雄們:呂德琪隊長、楊傳華隊長、戴樹清飛行官、柳克榮飛行官、劉教之通訊官、傅廣琪裝載長。同時本書也化為作者參與「新房子」原址籌設「黑蝙蝠中隊紀念館」的動力。

王俊秀

目次

下篇　美軍顧問團在新竹

上篇

任務・戰功・紀念品

黑蝙蝠的巢

—新竹空軍基地一角—

一、日據時期的新竹機場

　　新竹空軍基地（原稱新竹飛行場），建於日治時期的1936年（昭和11年），同年通往新竹的鐵路支線也開始通車。由於新竹基地是台灣距離中國大陸最近的空軍基地，更是針對中國大陸之前進攻擊基地，駐有日本海軍第29航空戰隊（新竹航空隊）。再加上日軍在新竹的軍事單位還包括第九師、海軍航空隊總部、日本第一航空艦隊司令部、第61海軍航空廠第六燃料廠（新竹分部）等，因此在二次大戰後期，新竹基地及新竹地區屢遭盟軍轟炸，號稱台灣落彈量第一高。

1945/8/8 空襲新竹機場之落彈點

　　早自1942年9月以來，美軍第14航空隊（俗稱飛虎隊）第21偵照大隊就開始執行偵照任務，前後執行過一千六百餘次任務，其中百分之四十是針對台灣，當然各地的航空基地在其任務範圍內，而且以新竹和台南航空基地為主，任務成果清楚的將基地內建築物如塔台、宿舍與通訊中心，甚至飛機機種都顯示出來。1943年夏天開始，中美空軍開始研擬空襲台灣的方案，最後美國第14航空隊司令陳納德將軍決定將新竹列為空襲目標，並於1943年11月25日執行任務，重創日軍。日軍大本營大怒，將該隊番號（第29航空戰隊）撤銷。

1943/11/25 空襲新竹之空照圖

1940 年代，飛虎隊第 21 偵照大隊所攝之新竹機場空照圖

同時期，日軍在東南亞戰事也吃緊，因此 1945 年 1 月，神風特攻隊之父大西瀧治郎中將將日本第一航空艦隊司令部由菲律賓遷到新竹，當年神風特攻隊隊員「最後一夜」之所在地為有樂座（後來的國民大戲院），也就是現在的影像博物館。1945 年，困獸之鬥的日本在沖繩之役中發起「菊水作戰」，共 10 次的任務中，新竹機場即出動 7 次，高居第一。

1944-45 年駐紮於新竹基地
之神風特攻隊隊員

二、戰後的新竹基地

　　1945年日本戰敗，台灣光復以後，1949年初期，國府第八轟炸機大隊駐防，開始實行對大陸地區的轟炸，直到1958年終止。1952年起由空軍第二聯隊駐防，其下轄第8輕轟炸大隊、第20空運大隊與第11戰術轟炸大隊。1997年起由第449聯隊駐防，以幻象-2000-5為主力。新竹基地1951、1961、1964及1968年經過多次的擴建。1952年起，新竹基地「一地兩制」，一邊為空軍第二聯隊，配置有美軍顧問團（MAAG），另一邊則成為執行機密任務之黑蝙蝠中隊總部，由美國中央情報局（CIA）所設立的西方公司主其事。以下兩張空照由美方於1956年與1964年所拍攝，可見建築物之增加。早期空照中，中美聯合辦公大樓已在，照片中可見兩架完整之飛機，機棚內為P2V，右側為B-26，下方一排飛機為B-17。

美方於1950年代拍攝之新竹黑蝙蝠基地

　　後期之照片已包括13棟不同功能的建築物，此照片之左側即為飛機跑道，在左上方停機坪與中間機棚內之飛機為P2V-7U，右下方者為B-17，俗稱交通機。

　　後方樹籬內為彈藥庫。照片顯示建築物已較完整，停機坪出現C123飛機，代表已進入南星計畫期間。

1964 年之新竹黑蝙蝠基地空照圖（一）

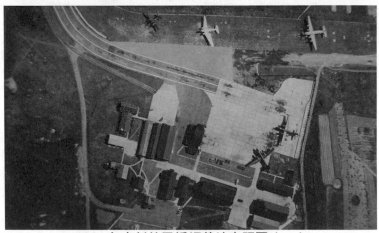

1964 年之新竹黑蝙蝠基地空照圖（二）

三、黑蝙蝠的窩

A：中美聯合辦公大樓　　H：一般器材庫
B：34 中隊隊部　　　　　I：飛機修護棚
C：電子修護工廠　　　　J：機械修護室
D：情報分析室　　　　　K：補給辦公室
E：美方工作人員宿舍　　L：雇員宿舍
F：一般裝備維修室　　　M：汽車修護站
G：航空材料庫

Ａ：中美聯合辦公大樓

　　本大樓爲黑蝙蝠中隊執行任務的樞紐，室內當然是決策之地，室外廣大停機坪常爲各種典禮與儀式之場所。例如1966年6月22日基地接收P3A的典禮，中美雙方人馬完整出列，分左右兩區，左邊有我方人員70人，穿著夏季軍便服，右邊前方有三排穿西裝的美方人員約30人，後面另有我方人員50人。接收P3A爲重大事情，中美國旗在典禮台後面並列。

徐煥昇空軍總司令致詞
左下：Ford 將軍（致詞者）、美方空軍組組長 Lengly 上校（左四）、
劉鴻翊中校（右一）

典禮由我方空軍總司令徐煥昇與美方ATG陸軍技術團Ford將軍主持，部隊在聯合辦公大樓前集合，聯合辦公大樓的左邊平房為電子修護工廠，右邊平房為34中隊隊部。隊部的正前方有機棚，接收之兩架P3A飛機就停在典禮現場。行禮如儀之後兩人一起上飛機剪綵，並進入機內參觀電子偵測儀器。

一起上飛機剪綵　　　　　　　帶領入飛機內參觀

蔣經國先生為黑蝙蝠中隊之我方負責人，因此常到新竹基地與黑蝙蝠中隊隊部。1966年接收P3A飛機後，他就出現在中美聯合大樓前，接著進入飛機內巡視電子反制工作艙。

基地美方指揮官 Mr. Grant（右一）　　　楊紹廉空軍參謀長（左）

　　賴名湯總司令曾陪同蔣經國先生視察少見之P2V-5U教練機，當時中美聯合大樓正在進行防漏工程。順便一提，出任務飛機中會漏雨的是南星計畫中的C123。

蔣經國先生至隊部視察（後爲防漏工程）

　　中美聯合辦公大樓共有兩層樓，外觀上各辦公室皆有美國開利（Carrier）牌窗型冷氣，一樓簡報室內亦可見該牌冷氣機。

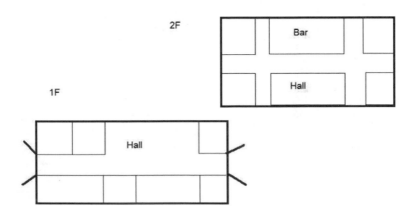

1902年美國康乃爾大學畢業生開利（Willis Haviland Carrier, 1876-1950）發明了工作用冷氣機，直到1924年，底特律的一家商場才開始裝設生活用冷氣機。1933年「新竹市營有樂館」開幕啓用，是全台灣第一座擁有冷氣設備的歐化劇場，到1946年有樂館改爲國民大戲院，在1991年吹起熄燈號。

由於機密任務備受中美雙方關注，常有重要人士秘密來訪，甚至包括美方第七艦隊及越戰時期之美越兩國高層。如照片中所見，當天空軍總徐煥昇總司令（1908-1984；1963-67任總司令）與美方空軍組組長Lengly上校來基地視察，在旁站立陪同簡報者爲呂德琪隊長，一行人於簡報後進入飛機內部。簡報室內除了冷氣機外，最引人注意的是地板上的黑蝙蝠隊徽。

出任務時，一般會在一樓的任務講解室說明簡報，隊員來自各省份，因此唸起來很像：任務蔣介石，剛開始還引起「領袖萬歲」的騷動，聽習慣之後，也認爲「爲領袖出任務」也沒錯，流傳下來成爲當年特別的回憶。

B：34 中隊隊部

中隊隊部緊鄰中美聯合辦公大樓之右側，是一棟平房。入口左邊爲值日室及隊長辦公室，右邊爲作戰室。後半部原爲任務留置宿舍（1956-58），備有多個單人床。後來東大路宿舍完成，此區改爲餐廳與客廳，廚房與浴廁則設置於室外。

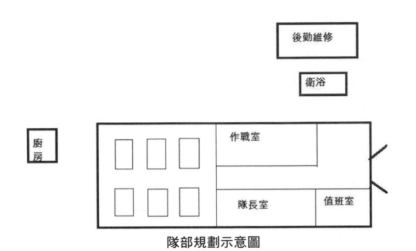

隊部規劃示意圖

34 中隊隊部剛新建完成時的樣子

　　在當時李上校依命令需於假期中值班，有一次曾帶女兒（李老師）一起值班，李老師因此有機會進入機場，甚至神秘的34中隊隊部。更被帶上B26飛機參觀，印象深刻的是隔天出了麻疹。

作戰室

作戰室

　　作戰室真的如照片所見，需要保密防諜，當時作戰長由葉霖擔任，特別製作「34中隊人員飛機勤務表板」，大分為人員與飛機勤務兩區。依任務將名牌由人員區移到勤務區，看起來該次任務有12位隊員被挑選。勤務區上計有九架飛機的牌子，包括任務機、交通機等。

隊長室

　　隊長室在作戰室的正對面，以下兩張照片可以看到整體，一張由兩位副官座位處照向隊長方向（呂隊長正在辦公），另一張則由隊長

座位處照向副官位置，門口在其右前方。右圖有一架P3A飛機的模型放在隊長的辦公桌上，那正是前述1962年接收典禮上的新飛機。值得注意的是黑色窗簾，透光者是真的窗簾，呂隊長後面有兩個窗簾未透光，顯得有些神秘。由下兩張照片可以得知，原來窗簾後面沒有窗子，而是一大一小的兩塊板，上有隊上的相關資訊，包括隊員名單與任務成果。平常關著，有需要時可以打開。另一端有兩張桌子是兩位副隊長辦公之處。

隊長室

　　若遇有美方人員輪調，呂隊長會在隊長室內贈送紀念牌，由此相片研判當時已經是1970年代，黑蝙蝠中隊任務漸往越南執行南星計畫，因此稱為特戰組，所贈送之紀念牌為特戰組紀念牌。

呂德琪隊長（中）致贈紀念品給 Hegerling（右二），左一為庾傳文副組長

C：電子修護工廠

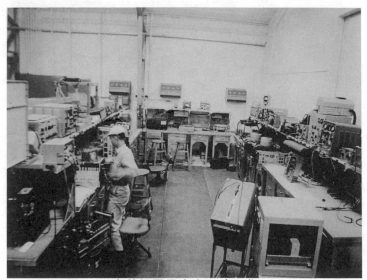

高蔭松電子官在工廠工作

　　電子修護工作是電子偵測任務非常重要的後勤支援，在1956年1月時已成立小型修護廠，隨著工作的增加，開始籌設大型修護工廠，於1956年7月落成使用，佔地約100坪的兩層樓建築，特別有防蟲裝置。一層樓各式工作檯一字排開，至少包括11種分項工作：不同波段電子接受系統、定向分析系統、防衛裝備系統、錄音系統、寬頻自動快反應系統（QRC）、低頻（LF）高頻（HF）通訊系統、UHF, VHF通訊系統、助航系統、慣性導航系統（INS）、儀表修正系統、隔音維修系統。二樓負責電子材料補給之業務。美方從開始的四人擴增到1967年時的20人，我方也由十餘人增加到40人，比起現在大家熟知的新竹科學園區的「電子新貴」，當年在新竹基地有台灣最早一批的「電子先進」，負責的廠長爲電子官趙桐生中校，這一群幕後英雄「黑烏鴉」們的合照，參見另章（頁101）。

陳嘉尚總司令來巡視，在電子工廠前
右起：翁克傑聯隊長、陳署長、總司令；左一：林世元副組長

賴名湯總司令（左一）、韓東聲少校（右一）

D：情報分析室（BDA）

　　情報分析室緊靠著電子工廠，位於空軍基地的角落位置，在成為隊史館以前，負責部分收集情報之分析。電子偵測任務開始之初，所收集之情報在飛機回來片刻，馬上就在機場交給美方，以專機送往東京研判後，最後送到美國中央情報局。後來我方在任務表現獲得肯定之餘，向美方提出要求，希望複製部分資料以培養判讀人才，並作為防衛安全之用。該錄音帶為盤式，有14音軌，可以判讀任務過程中各波長所收集之聲音。以P2V為例，其機腹下與機身至少有12支天線，包括DF（Direction Finder）天線、刀形天線、大包（雷達天線供發報用）、小包天線等，以符合任務需要之頻率與波長。

　　該室啟用之後，也成為長官視察的必到之處。上圖為陳嘉尚總司令（1957-63任職）前來分析室視察後離開時所攝。我方人員分析收集到的情報時，曾聽到由出勤人員留在大陸家屬所錄音播放的心戰喊話，由出勤人員留在大陸的家人錄音播放。

陳總司令巡視 BDA

E：美方工作人員宿舍 ＋L：僱員宿舍

　　基地有兩處宿舍，補給辦公室後方的僱員宿舍提供我方低階聘雇
人員住宿之用，美方工作人員宿舍則位於聯合辦公室旁。大部分的美
方人員皆有家眷隨行赴任，平日住在陽明山上之美軍顧問團宿舍。一
周來基地工作三天或四天，居住於基地宿舍中，搭交通機往來於松山
與新竹基地間。交通機除載運人員外，亦接受我方人員託購台北PX
之罐頭與商品等，遇颱風停水，也協助由台北運水來基地。

雇員宿舍可見美方人員活動
賴名湯總司令（左二）、基地美方指揮官（右一）

F：一般裝備維修室

　　負責地面裝備之維修，配有兩部發電機，支援情報分析室（BDA）
之不斷電工作。上圖中的左後方平房即為維修室，與電子工廠平行。
右前方為中隊隊部。

Ｉ：飛機修護棚

　　在如此機密的任務中，飛機維護也是生死存亡的事情，高手雲集是理所當然之事。由於號稱中美合作，因此美方的維修工程師與我方人員的夥伴關係攸關飛安。維修手冊皆以英文呈現，我方士官長們也練就一口溝通與表達的英語。其中法勇華士官長被稱為法班長，帶領我方維修團隊擔任為與美方的對口人員。法班長早在1957年就到中隊服務，負責維修暗夜中的黑蝙蝠，工作之餘勤於自修自身專業及語文。華航成立時，法班長被相中，因此退役轉任華航，擔任修護部副主任，實際維修各種大小飛機，包括1970年奉派赴美評估707購買案。

程卿雲士官長（左一）、鍾明遠士官長（左二）
楊映強士官長（中間）、法勇華士官長（右二）

J：機械修護廠

機械維修廠同仁合影（1964）
前排：周作樵中校（左一）、後排：邱祖權少校（最高者）

美方 Langly 上校勉勵機械修護人員

K：基地勤務辦公室

　　補給後勤（base maintenance）由 Captain Barden（上校）負責，他是海軍出身，而海軍與空軍的官階不同，也常引起誤會。例如 Captain 在海軍為上校，到了陸空軍卻變成上尉（見附表），陸軍與空軍系統的上校為 Colonel。1979-91 年間的大漠計畫，有七百多名現役軍人曾經被派往葉門當傭兵，空軍約有 80 名現役飛行員遠赴中東駕駛 F5 戰機，包括後來的國防部長李天羽將軍。與黑蝙蝠中隊有異曲同工之處，兩者都由蔣經國拍板定案。當地除了有回教文化的差異外，軍階也有差異，沙烏地阿拉伯的空軍尉官肩掛星星，我方尉官肩掛橫槓，我方飛官紛紛著該國制服留下紀念照，上尉飛官在中東連跳二段官階，看起來都成了上將。

　　Barden 上校從海軍與輪船系統找來一批司機、木工、水電工、油漆工，除了 P2V-7U 為海軍飛機外，又多了一個「空軍中的海軍」的故事。當時機場與東大路宿舍皆裝設冷氣（以開利牌為大宗），兩位水電工負責維修，有些木工更是雕刻師級，因此曾協助製作飛機模型，包括 P2V、B-17、C123 等。

	美國陸空軍	美國海軍
少尉	Second Lieutenant	Ensign
中尉	First Lieutenant	Lieutenant Junior Grade
上尉	Captain	Lieutenant
少校	Major	Lieutenant Commander
中校	Lieutenant Colonel	Commander
上校	Colonel	Captain
准將	Brigadier General	Rear Admiral Lower Half
少將	Major General	Rear Admiral Upper Half
中將	Lieutenant Genera l	Vice Admiral
上將	General	Admiral

　　資料來源：《世界軍事年鑑》、WORLD RANK INSIGNIA

　　除了不同軍種的對照，另外有文職在新竹基地工作者，例如 Kent Williamson 先生以 GS-11 級（加註腳）文職在電子房工作，這些文職

人員由大學的相關所系畢業，本來在政府部門工作（特別是中情局與國安局等單位），因任務需要派任之，與軍職之對照如下表。

1978 年以前文職與軍職對照表

文職	軍職
GS-11	上尉
GS-12	少校
GS-13	中校
GS-14	上校
GS-15	准將（一星）
GS-16	少將（二星）
GS-17	中將
GS-18	上將

M：汽車修護站

基地勤務兼管 Motor pool，包括一部大巴士（漆成藍色，軍方人員上下班接送）、一部大卡車（兼上下班接送雇員）、小卡車（運送零件、物資），屬於美軍聘雇，薪水也高，當年對出生入死的黑蝙蝠兄弟（上尉）平均薪水 500 台幣時，木工薪水為 1200 元，司機更高至 1900 元。由於屬於美軍聘雇，等於在美國工作，因此不少人在任務結束後，紛紛移民美國，申請過程，當時長官 Barden 上校並大力幫忙。非軍職人員構成強大的後勤支援，功不可沒，但在各種集會與隊慶時，他們並未參與，以致他們的歷史被淹沒。例如李憲章駕駛在 2010 年隊慶於新竹黑蝙蝠紀念館舉行後的第二天，由報上知道已聚會過，特地到紀念館「報到」。李上校記得有幾次出公差曾搭乘過李憲章先生駕駛的車。除了大巴士，另有公務車，因此也出現由空軍調來中隊的胡其松與宋振駕駛士官，以及美方聘僱的的數位無名英雄謝儀、鄒少珊、劉祝多與蕭勇先生等。

美方人員輪調時，車輛、冰箱等物品會在現地處理，新竹有中美行商號，專門收購美方汽車。

聯合大樓與賓字牌旅行車
美製雪佛蘭旅行車（ 賓 0358　賓 0204 ）

　　賴名湯擔任空軍總司令時（1967-70任職），有感於美國空軍基地
綠草如茵，建築外觀乾淨漂亮，因此曾致力於國內空軍基地景觀改善。
以桃園空軍基地（第五大隊）為開端，提供五萬經費改善之，並作為
各空軍基地觀摩之示範區，從此國內空軍基地景觀大為改善。

　　南星計畫期間，基地警衛改由空軍警衛旅調來六位警衛負責，班長
為李振宇士官，下班時也到新房子與隊員們一起運動打球，李班長在新
竹期間結識埔里之夫人，另外兩位警衛也先後在新竹成家。難得在照片
中發現一起打排球的警衛士官陳善權（左一）、陳上全（右一）。

待命的黑蝙蝠

—東大路上的新房子—

知道黑蝙蝠中隊與黑貓中隊歷史的人，也都知道幕後操盤手CIA
以「西方公司」為掩護。「西方公司」早期以培訓與運送敵後游擊隊
與物資為主要工作，因此連金門（溪邊村的總部）、大陳、馬祖的西
莒島（舊稱白犬島）都有「西方公司」工作站。西莒從清朝末年五口
通商以來漸趨繁榮，華洋輪船駛入閩江之前，需在青帆澳口候潮、避
風、補給淡水，昔日青帆港的榮景，素有「小香港」之美稱。也就是
由於洋人的出現，早年民眾稱該澳口為「青番」，後來才改名為「青
帆」。國軍從大陸撤退後，在韓戰期間，美國的CIA以「西方公司」
名義進駐，訓練當地的海堡部隊（東海部隊）突擊大陸，蒐集情報，
直到韓戰結束後才撤離。現今青帆村的「山海一家」，就是西方公司
的辦公處。（詳見何樂伯〔Frank Holober〕著《中國海上突擊隊》〔*Raider
of the China Coast*〕一書。作者為哈佛畢業生，是趙元任教授學生。另見馬
祖莒光鄉公所網站）

　　除了訓練、裝備游擊隊（包括反共救國軍）並策畫對大陸沿海突
襲外，西方公司人員也從事大陸敵情的偵察工作，並提供情報，配合
國府之「封鎖海岸」策略，協助游擊隊攔截搜索載運戰略物資開往大
陸港口的商船。當時駐在新竹基地的八大隊也被派往大陸沿海偵察外
國輪船，負責通報以便執行攔截。當年因「耕海計畫」而發現陶普斯
號者就是後來加入黑蝙蝠俠中隊的李德風飛行官，也因此獲選第三屆
克難英雄。後來引起一些國際糾紛，包括攔截波蘭油輪「陶普斯」號
（由於船上有俄籍船員）、英國籍「海立抗」號（The Helikon）。執行
攔截海盜任務者為當時白犬島游擊隊司令王調勳，當時海盜盤踞的不
過是兩英里長的小島，卻像獨立王國一般自印鈔票、自己發餉。

　　「西方公司」於1951年2月在美國匹茲堡市正式註冊成立，登記
的負責人是布立克（Frank Brick），他曾任美陸軍第90師軍法官，與中
情局創始人杜諾萬將軍是老同事。公司正式名稱是「西方企業公司」
（Western Enterprises Inc. 簡稱WEI），直屬於CIA內的「政策協調處」

（OPC），這是一個與「特別作業處」（QSO）平行的單位。「西方公司」本身在1955年初結束，其業務由「海軍輔助通訊中心」（NACC）接管（CIA在台灣島上對外的名稱）。但仍被稱爲西方公司。

1951年3月，「西方公司」的台灣總部設在台北中山北路三段(現在北美館後方)，與美軍顧問團（MAAG）總部相距不遠。爲因應黑蝙蝠中隊任務需要，於1958年由美方出資，同時興建機場隊部（12萬美元）與東大路102號的宿舍與運動場所（9萬美元），供住宿、活動與休閒運動，後來被隊員稱爲「新房子」，但是被外界稱爲「西方公司」。新房子於1957年7月1日開幕，由王叔銘總司令主持啓用。

1957/7/1 **新房子開幕**

到了後期（1963年起），黑蝙蝠中隊開始執行在越南的南星計畫，以C-123飛機為主，屬於B分隊，隊員增多，於是在「新房子」右側加蓋一棟兩層樓之宿舍。大陸電子偵測任務最頻繁時期之相關活動皆在「新房子」留下歷史。

右起：朱仲英、李崇善電子官、邱祖權
左起：孫廣鈞電子官、劉守世

新房子門口的一對泰國石象與碧濤女子籃球隊及大興計畫有關。1950年代，台灣籃壇由於國軍的推動，曾有一段時間的榮景，當時空軍組成大鵬男籃。1951年由國軍體育促進會徵集七虎、大鵬、鐵路、警光等籃球隊的菁英，組成「克難籃球隊」，也成為中華男籃隊的化身。同年的12月，中華女籃代表隊「良友女子籃球隊」成立，成員來自純德、碧濤兩隊，1952年2月良友女籃隊訪問菲律賓，展開台灣的籃球外交〔邵一銘（2007），〈戰後台灣女子籃球運動發展之研究（1945-2006）〉國立台東大學體育學系體育教學碩士論文〕。

碧濤隊前身為1948年成立的北二女女籃隊，成員畢業後組成社

會組球隊，成為台灣第一支民間自組的女籃隊。該隊1950年起參加全省運動會，連獲三年冠軍，也多次出國訪問，宣慰僑胞，其中一次是1957年赴泰國友誼賽，由黑蝙蝠中隊以C-46運輸機「順便」負責接送，當年由衣復恩將軍親自駕駛，掛上副油箱，一路飛到泰國曼谷。機上還有包炳光將軍負責大興計畫，策劃金三角地區的敵後工作，後來包炳光將軍調任我駐泰國武官。

當時衣復恩將軍所接受的一對泰國石象，送往新竹，曾作為花架使用，後來成為黑蝙蝠中隊新房子門前的門神。2004年「新房子」拆掉之後，由於34中隊番號改隸反潛中隊，因此該對石象也一併移防至桃園，直到籌設黑蝙蝠紀念館時，透過國防部終能完璧歸趙。

新房子大門口的一對石象

隊員們在大門口與石象合影
前排右起：陳典聰飛行官、鍾書源電子官、不明、朱震飛行官
後排右起：某通訊員、劉嶸、李邦訓飛行官、呂德琪隊長、關
伯平副隊長、張正和、楊美安領航官

　　進入大門後就是小客廳，會看到兩個吧台與沙發組。左手邊是通往大廳的門，各種正式活動在那裡展開。某次授勳典禮，陳嘉尙總司令前來主持，由大門進入，在前往授勳會場的大廳前留下一張照片，後面爲陳福參謀長。

陳嘉尚總司令由大門進入小客廳

　　可惜兩棟建築在2004年1月1日被拆除，成爲現在的公12號公園，所幸民間與市政府的合作，於原址籌劃黑蝙蝠紀念館，並於2009年11月24日開館。隨著紀念館的落成，我們更有必要了解當時「新房子」的空間布局與活動點滴。

　　俗稱「新房子」的空間布局如附圖，其外觀爲一樓平頂，灰色外牆，白色窗戶。分爲居住區、生活區及活動區。除了大型活動由東大路大門進出外，一般使用側門。側門進去即爲居住區，共有十間單身宿舍，一進門右邊第一間是值日官房間，左邊第一間爲隊長房間，每間房間皆配備有冷氣。

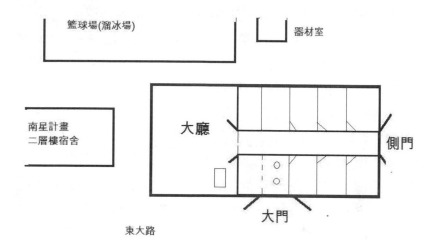

再往裡走爲生活區，包括右邊的共用浴室與廁所、廚房，左邊的餐廳與小客廳。李崇善上校當時已有家眷，另有住居，依規定輪流擔任值日任務期間，必須夜宿於宿舍，但是家眷在白天可以到宿舍來「省親」，一起在餐廳用餐、到廚房兩個大冰箱中拿可口可樂、牛奶、冰淇淋、果汁、啤酒等，然後登記扣錢。當然還可以一起休閒運動。大廳備有桌球檯與撞球檯，遇有活動就收起來。餐廳與小客廳中間有一活動隔間（圖中虛線），必要時打開來擴大空間，小型舞會可以使用。

李崇善上校千金李老師仍記得新房子的磨石子地板非常乾淨光滑，打蠟的味道，味猶在鼻。就是因爲地板非常乾淨光滑，因此好動的小朋友常滑倒。

陳運龍（左）與高蔭松（右）在撞球檯比桿

　　小客廳有吧台與沙發組，小型餐會常於小客廳舉行。吧台一大一小，小吧台平常作為PX購物與取用冰箱食物之登記台。大吧台後面也出現了「無名英雄」老張：張志學勤務兵，他是由第十大隊調來的單身士兵，以新房子為家，是新房子不可或缺的後勤支柱，舉凡清潔、安全、補貨、調酒，非他不行。常見他拿著濕巾到處擦拭，讓新房子常保乾淨明亮，後來到衣將軍家擔任管家。另一位副手為王月廷勤務兵，調自第八大隊，配合老張之工作分配，不過王月廷倒是成了家，女方帶來兩位女兒，生活辛苦，夫人曾製作竹編水果籃貼補家用，因負擔重，曾離婚後再復合，再續前緣，成就一段佳話。

　　另一位無名英雄為王景山廚房大廚，由八大隊調來，負責新房子的餐飲。曾經有一次參加喜宴喝醉，未及供應隔天早餐，引起批評，經過討論，才發現他並無安排休假，從此，王大廚與其他隊員一樣，依規定安排休假。

中美聯合晚會就在小客廳舉行

老張（後著白衣者）正在提供吧台服務
前排右一為陳正修領航官

1963/6/25 蔣經國先生幫王景山大廚倒啤酒。

　　南三（南星三號）時期已開始有彩色照片，終於可以看到在右邊角落的吧台與沙發組的顏色。

彩色照片中的新房子內部（沙發與吧台）

　　小客廳右邊有一幅蔣經國先生畫的國畫，上由于右任題字，橫書大字為「歲寒高節」，縱書小字為「經國畫松」。

經國畫松前聚餐
立者左起：李邦訓飛行官、周松機械官、劉朝臣領航官、
　　　　　鍾書源電子官、關伯平副隊長、呂德琪隊長
坐者右起：朱震作戰長、李崇善電子官、趙桐生電子長、
　　　　　高蔭松電子官

　　新房子拆掉後，此畫已不知去向，是否列入移交至34反潛中隊？我們無從考證，目前只能在老照片中追憶了。圖中左邊第三位劉朝臣領航官有死裡逃生的經歷，1962年1月第八大隊一架解除武裝的PV4Y飛機搭載八位隊員，出任務往金三角大興碼頭執行空投任務，被緬甸空軍六架戰鬥機追擊墜落，只有他與王翔雲通訊官跳傘逃生，降落於森林中獲救，期間還曾喝自己的尿求生，後來在南星計畫時調任34中隊。

　　小客廳牆壁上還有任務飛機的大照片與大油畫，說明由P2V到C123B的任務變化，P2V照片攝於中美聯合辦公大樓前，大樓上設立了不少支的天線，支援大樓二樓的電台。C123B大油畫則是由木工班內的油漆同仁所畫，另有兩幅是畫在牆上，分別在新房子與中美聯合辦公大樓。

P2V 大照片
右起：郁文蔚副隊長、呂德琪隊長、Davis、Grant（基地經理）、
　　　毛強副隊長

C123b 大油畫前飛行員大集合
右起：徐文貴、楊黎書、王銅甲（後）、呂隊長、老外、
Grant、盧為恆、庾傳文（後）
左起：陳鴻傑、王錦南、劉鴻翊、不明（後）

由小客廳左邊通過一道門則為最大的活動　，大型活動全在此舉
行，包括授勳、隊慶、聖誕節晚會等。

1959/9 授勳典禮
右起：台北美方 Parker 上校、時光琳聯隊長、衣復恩將軍、
朱潮參謀、蔣經國先生、誠秉星聯絡官、陳嘉尚總司令

　　當然蔣經國副秘書長（國防會議）與克萊恩先生（CIA台北站站長）也是活動的主角，經常出席各類重要晚會（如8月16日隊慶、授勳、聖誕節、中秋節），蔣方良女士也數度現身於大房子中，並爲活動留下倩影。期間至少三次，蔣孝文與當時的女朋友徐乃錦曾隨經國先生來新房子。照片以民國47年度授勳典禮爲例，蔣經國先生與陳嘉尚總司令前往參加。

1964年隊慶蔣方良女士抵新竹基地

難得笑開懷的蔣方良夫人，左一坐者爲徐乃錦

其中一次活動（1959年）還特別安排中美同仁看電影：魯爾水壩轟炸記，反應出黑蝙蝠中隊的任務如同電影情節，令人印象深刻的是坐在前排的「黑蝙蝠夫人」，更讓人遺憾的是其中四分之三（6位）的先生們不久就為國犧牲了。

1959年黑蝙蝠夫人參加隊慶
前排左起：葉震寰電子官夫人、陳昌惠情報官夫人、王樑領航官夫人、屈建勛電子官夫人、黃福州領航官夫人
第二排右起：喻經國電子官夫人、李崇善電子官夫人、不明、楊桂辰通訊官夫人

聖誕節晚會當然也是全家的回憶，特別是小朋友。但是李老師反倒記得愛睏時被媽媽抱去休息的席夢思彈簧床（後來才知道），舖著白色床罩，睡起來好軟。不免俗也看到聖誕老公公，聖誕樹下擺滿禮物，大人們玩賓果，小朋友抽禮物。其中一次還放電影給小朋友看。當年裝扮成聖誕老公公的隊員有兩位：李滌塵領航官與汪長雄領航官。照片中的聖誕老公公為李滌塵領航官。

聖誕晚會小朋友合影
左排：陳昌惠夫婦，戴高帽者：關伯平副隊長
站排：右二葉霖之子、後排左二李崇善之子

　　除了晚會有摸彩之外，慶祝總統連任也來個摸彩抽獎，共分成慶、祝、總、統、連、任六個獎，獎品包括烤箱、電風扇、烤麵包機、收音機等。獎品就擺在小客廳的吧台上，後面可見一排洋煙。

慶祝總統連任抽獎之獎品

　　黑蝙蝠中隊在衣將軍主持時的晚會型態，與後期南三計畫比較，差異頗大。衣將軍將晚會視為國際外交，要求隊員與夫人們盛裝出席，常以戶外方式舉辦，有各種表演、遊戲與舞會。照片可以說明兩種不同型態。

盛裝出席隊慶晚會的黑蝙蝠夫人合照 (1958 年)

右起：韓彥飛行官夫人、李德風飛行官夫人、岳昌孝領航官夫人、南萍
　　　飛行官夫人、鄒立徐領航官夫人、呂鴻俊電子官夫人、趙欽飛行
　　　官夫人、戴樹清飛行官夫人、不明、黃福州領航官夫人

左起：李滌塵領航官夫人、梁如年飛行官夫人、陳昌惠領航官夫人、鍾
　　　書源夫人、屈建勛夫人、李崇善電子官夫人、喻經國電子官夫
　　　人、蔡文韜飛行官夫人（後）

南星三號時期的聚餐與衣將軍時期不同

　　新房子的戶外空間，平時作為隊員們的運動場所，包括籃球、排球、網球、拔河、溜滑輪等，由照片中難得一見的李上校溜滑輪英姿，也印證了李老師的溜滑輪也在此地習得。大廳的撞球檯也是當年小朋友「滾球」的記憶所在。李老師印象深刻的還有一件運動用品，那就是在籃球場（兼溜冰場）旁器材室（照片右方）內的沙包。

李崇善與一對兒女在新房子餐廳

李崇善溜滑輪英姿

　　新房子常舉行友誼聯賽，其中一次的排球賽，由地勤隊員對上空勤隊員，號稱地對空比賽，比賽前總會先來一張大合照，照片中的人就讓李崇善上校來幫看官們點名。

前排蹲下者右起：廖煌盈領航官、某機械士官、陳亦貴機械士官、黃有志、楊傳華飛行官、李領航官、朱康壽領航官、翁森機務長、莫奇奎電子官、李鴻祺士官長、張德華機械士官長

後排站立者左起：張疆電子官、陳家鶴電子官、董機械士官、邱祖權機械官、宋雍華電子官、任德溥電子官、旅隊長、孫培正副隊長、楊黎書飛行官、馬文援領航官、闕臻培飛行官、張樹林士官長、李崇善電子官、侯宗耀機械士官長、未明、廖哲杰安全官、陳上全警衛士官

　　新房子在1973年任務結束後，讓隸屬二聯隊的特戰組繼續使用，後來特戰組全部回到新竹基地，二聯隊就將新房子作爲招待所使用，2年後交還新竹縣政府，縣市分家，該地成爲新竹市公二公園預定地，新房子荒廢，成爲遊民居住之處，直到2004年1月，該房子被拆除。

後來同樣地點在2009年11月22日成為黑蝙蝠紀念館，延續新房子的黑蝙蝠精神。雖然物換星移，但是紀念館前的老榕樹與旁邊的大王椰卻見証了一路走來的歷史，兩棵老榕樹是當年在籃球場角落的小榕樹，七棵高高的大王椰當年就是一邊三棵，另一邊四棵，可正巧是34中隊。

新房子拆掉，紀念館再起，樹木依舊 34（右側）

黑蝙蝠出發了

─任務日記─

　　儘管黑蝙蝠中隊的歷史背景與任務輪廓（包括部分飛行日誌）已大致被了解，在2011年的解密後更有若干補遺，但是出任務的細節只有當事人最清楚，因此碩果僅存的黑蝙蝠中隊隊員提供的口述資料更形珍貴，如前述黑蝙蝠中隊出任務838架次，每次出任務是如何開始？過程又如何？「出任務日記」有助於補充更完整的黑蝙蝠中隊史。本文特別訪問現居於新竹市，過去擔任黑蝙蝠電子官，出任務50餘次的「黑蝙蝠市民」李崇善上校，以P2V-7U代表機型作爲對象，詳細描述每一次任務的「生命周期」。

任務講解

　　任務由中美雙方在台北合議後，中午12時以熱線電話直接下達命令。下午3時，成員集合於新竹基地隊部的「講解室」，開始任務會報(briefing)，針對航程與電子偵測點會報，接著讀圖（map reading），最後發布命令，並對錶（time hack）。如果發布命令之任務區爲「大陸」，代號爲老鷹「Eagle」；如任務區爲「沿海」，則代號爲知更鳥「Robin」。上機時，所有成員不得攜帶任何東西，衣服上沒有任何標誌，以防萬一被俘時，事機敗露。由於隊員來自大陸各省，「講解室」用家鄉話唸起來很像「蔣介石」，一度以爲由蔣總統直接下命令，也成爲難得的「黑蝙蝠笑話」。

任務編組

　　早期B-17機任務編組有11-13人不等，P2V-7U機則爲十四位，包括三位飛行官、三位領航員、三位電子官、一位通信官、一位機械員與3位空投員。三位飛行官之中有一位爲任務指揮官(aircraft commander)或機長，需要有3000小時的夜間飛行經驗。三位領航員（navigator），一位爲主領，一位爲羅遠（Loran）操作員，一位爲機頭領航員，負責計算飛行位置，防止撞山，並且報告敵機方位。由於P2V-

7U為海軍飛機，因此方位報告並非左（left）與右（right），而是比照船艦的右舷（starboard）左舷（port）。三位電子官（ECM operator）負責核心任務，其中兩位操作不同波段（高波段與低波段）的電子偵測，一位擔任飛機之電子防衛官（BDU：Bomber Defense Officer），有時要發出干擾波，以保護飛航安全。通信員（radio operator）在航程中預設10至20個不同位置的報告點（reporting points或position），發報回基地。機械員（flight mechanic）負責檢查儀表、液壓與存油。三位空投員（load master）負責空投作業，由機腹（Joe hole）空投（air drop）宣傳品（特別是總統文告）、玩具、絲襪、明星花露水，最特別的是在機場附近空投「歸來證」。平時以桃園的八塊機場(現八德)作為試投場所，任務編組14位最重要的事是「團隊合作」（teamwork），因為那是「生死存亡」的問題，因此曾被殷隊長稱之為「有計畫的冒險」。團隊合作從「對錶」開始，飛機輪子起飛當然也是分秒不差。起飛後，全體組員使用麥克風耳機（inter-phone），確保所有訊息傳達正確，任務時依據SOP，組員應以英文溝通，但遇到緊急狀況時，國語也脫口而出。

航程

依任務有長有短，民國46年元旦的任務為最長航程之一，曾飛越大陸九個省，在韓國美軍群山機場過境加油，再飛回台灣新竹基地。此消息曾成為46年1月4日《中央日報》的頭版。不管如何，黑蝙蝠中隊是靠暗夜掩護，因此隔天天亮前必須飛離大陸，任務時間多為10至16小時，接下來討論這段時間的食衣住行如何？

食

每位發「美國便當」一個，餐飲由機場內美方餐廳製作，裝在白色餐盒（類似目前的西點盒），內有雞腿、牛肉三明治，水果、果汁與洋煙二包（品牌包括Winston, Kent, Camel等），印象深刻者為紅色

盒裝的Pallmall牌，其King size香煙有葡萄乾的味道。另外，中隊隊部準備大茶桶一個，提供茶水。由於任務處於高度緊張狀態，多半無法好好享用美國便當，只吸食洋煙二包及果汁，其他常帶下飛機回家分享。

衣

　　著沒有階級與配件的制服，套上灰色飛行夾克後在穿上黃色救生衣，代船型便帽，下身著吊帶飛行褲。另外每人攜帶一個皮革航行包（brief case），內裝地圖、資料、表格、文具、水瓶等。由於低飛時機艙內很熱，但如飛稍高，氣溫馬上下降，因此隊員也會帶一件大夾克，折疊放置於航行包外。座位旁另有保險傘袋，內有背式保險傘。

黑蝙蝠紀念館提供之吊帶飛行褲

住

　　P2V為海軍飛機，內有裝潢，椅子設備較佳。基本上，機頭飛行艙安置三位飛行官、一位領航員與一位電子官（防衛電子官）。機身內艙有二位領航官與二位電子官，當然還有電子偵測儀器。機後艙部分則容納一位通信官、一位機械員與三位空投員。機頭有二層，第三領航員與第三電子官配置於第一層，由下艙進入。

蔣經國先生參觀 P3A 飛機之電子工作艙

行

　　周遊中國列省本來就是其任務，甚至列國，包括泰國（奇龍計畫）、韓國與日本琉球，行程中常會驚濤駭浪（P2V為海軍飛機），例如被共軍鎖定追擊、氣候變化、飛機故障等。其中更包括共軍的心戰喊話，隊員的親朋好友透過廣播問候，並勸告：「任務危險，不要再來了。」任務期間，飛機內部大家各司其職，位置也各有安排，行不得也。設備上為因應高空低溫設有暖氣通風管，如遇生理需求亦有四個小便尿管以供排解。P2V為海軍飛機，故附有救生艇，1961年在新豐上空，曾因為自動開關累積了高鹽份，以致救生艇自動彈出，隨後

隊員利用噴射引擎吹掉救生艇。

待遇

　　34中隊在出大陸任務時，飛行員每個月有1800元，另有任務加給每小時50元新台幣，並未如外傳拿美金。但是到了南星計畫時，由於主要出任務之場域為越南，因此有美金加給之制度，例如飛行官正駕駛除了每日有8美元的駐防費外，如果出一般任務（越南境內運補任務）時，每小時4美元，特殊任務（北越任務與空投任務）每小時8美元。

情報分析室

──黑蝙蝠中隊的神祕角落──

　　黑蝙蝠中隊的早期任務「爲美作嫁」成分較濃，電子偵測資料一下飛機就被美方拿走，直到1961年中美雙方共五位同仁共組BDAC（Bomber Defense Analysis Center），兩方合作的態勢才有轉變，當時的美方電子負責人爲傑克遜先生（Donald Jackson），我方爲李崇善上校，當年曾一起喝了許多咖啡，討論設立細節。這個小組簡稱爲BDA，我方稱之爲「情報分析室」，目的爲一起分析偵測得來的電子信號，並作成正式的BDA Report（內容詳見李崇善，2006，〈揭開大神祕中的小神祕面紗（BDA）〉，《中華民國空軍》799：8）。本任務因黑蝙蝠中隊停止對中國大陸的電子偵測任務，在1967年結束，接著轉型成爲美方人員口中的Museum（博物館），我方稱爲黑蝙蝠隊史館。

　　BDA或隊史館所在地爲圖中之D處，與電子工廠（C）在一起，兩者是黑蝙蝠任務的心臟地帶。電子房採用先進Rand的物流系統，閣樓設有電子零件庫。例如駐西班牙美空軍缺少稀有零件，透過Rand，從新竹基地三天內即可送達。

　　右邊第一間爲銅網最低電位（Screen room）：精密儀器修復，而左邊第一間爲美方電子主管D. Jackson的房間。

　　BDA（情報分析室）有10間房間，8間分析間（Booth）：6間用於「電子情報」分析工作、2間用於「通信情報」分析工作，1間教室是專門提供電子反制官訓練上課用，1間密室（Vault）用來製作BDA Report，安裝雙重密碼鎖鐵門，並配置兩個保險櫃。情報分析室入口爲手觸式密碼鎖，每天換密碼，安全等級爲「絕對機密」。當時因任務需要，還有小型焚化爐與罕見的3M複印機。

分析室

　　Vault（保險庫）鋼板隔間，內有歷屆主官圖、各式各樣空投品（例如郵票式傳單）、歷年人力統計表、人員年齡表、任務組織圖、飛機類型圖、特殊任務圖、敵情狀況圖、飛機受攔截率統計表、四季「任務示意用」山水水彩圖四幅，上有飛機，山水畫由楊嘉章電子官手繪，李上校添上飛機。楊嘉章電子官服務於新竹基地航管分隊，具藝術天份，所製作的貝殼畫，曾作爲中隊送給美方來賓的禮物。

　　1961年底BDA開幕，蔣經國先生與空軍總司令徐煥昇將軍親臨

主持。中美國旗高高掛，見證電子資訊不再一面倒的一刻。

其他陸續前來參訪之美軍人員包括：美國陸軍技術團團長Ford將軍、戰略空軍司令部Smith少將、Langley上校、Coats上校等。1969年，前空軍參謀長金安一中將（前擔任二聯隊隊長）巡視本館，並透過南星計畫的脈絡慰勉工作同仁，不少在越南美軍（對方爲特戰隊）利用來台休假期間，由松山下飛機後，3至5人一起搭計程車直奔新竹基地，參觀他們口中的Museum，之後到「新房子」用餐，來訪老美前後約20梯次。

BDA 開幕前　　　　　　　　　　BDA 開幕時

傑克遜先生（Donald Jackson）於1961年BDA開幕前已調回美國，李崇善移到原來傑克遜先生辦公室，並加上相關掛圖，使該處成爲一處密室外的展示室，照片中牆上的數幅飛機掛圖，是由美國CIA提供的中共飛機樣式。1963年，傑克遜先生有機會再來台灣，衣將軍特別派專空軍專機接送他至新竹，老朋友相見，三句不離本行，但當時考量他已調離電子相關單位，因此只邀請他參觀展示室，並未進入博物館，李崇善事後回想，有些後悔。

1967年，前空軍總司令賴名湯上將視察，曾在此展示室與呂隊長與李崇善三方會議，內容包括：機場美化、飛機零件物流、越戰C-47飛機維修、博物館中的模擬圖表等。

秘室（Vault 室），後成爲博物館

賴名湯總司令 1967 年來訪，在 Vault 室

心戰空投：紙炸彈

——黑蝙蝠的另一項任務——

空投傳單始自第一次世界大戰的歐洲戰場，同盟國與軸心國為打擊對方士氣，開始以飛機與氣球撒下大量傳單，戰爭最後的6個月，英國所撒下的傳單估計有一千八百多萬張（池田德真，《宣傳戰史》，東京：中公新書，1981）。接下來的戰爭，被稱為紙炸彈的空投傳單成為將自己的主張傳給敵方最方便的工具與武器。

以抗戰為例，中（含國民黨與共產黨軍隊）日兩方各出奇招製作傳單，最常見的是投降券、妻子或家人慰問信、空襲預告、諷刺文宣等，中共更曾利用被俘日軍來製作對日傳單，包括遭點名形象不好的軍官也成為傳單內容。1941年國府軍隊甚至發傳單給自己人以鼓勵士氣，內容為：打贏日本鬼子，就派到日本神戶擔任警備軍，並附有乘船證。這一招據說連日方也稱讚不已（一の瀨俊也著，劉風健譯，《飄揚在戰場上的傳單：用傳單重讀太平洋戰爭》，北京：軍事科學出版社，2010）。就美日的太平洋戰爭而言，當時影響日軍士氣最鉅者為一張壽司傳單，許多人因它而投降或重燃生存下去的勇氣。

特別值得一提的是，制空權長期在日方的情況下，1938年5月19日，第14大隊大隊長徐煥昇與佟彥博飛行員共6名機組員，曾由寧波機場飛兩架馬丁B-18重型轟炸機，隔天在日本南九州空投10萬張傳單，後來幾天在熊本縣吉人町等地區皆發現了傳單（周斌、鄒新奇編著，《紙片轟炸》，頁121，中國的天空，北京：鳳凰出版社，2009），後來的日方統計共撿到3189張。

撤守台灣後，國府仍一心一意要反攻大陸，美國則希望台灣扮演反共堡壘的角色：反共而不反攻。因此敵後的游擊隊與情報員工作就成為兩方妥協後的結果，培訓與運送游擊隊與情報員更是西方公司早期的主要業務，當時空投由西方公司所擁有的民航空運隊（CAT）負責，後來任派我方人員任派陸軍特戰傘兵執行任務，早期空投內容最主要是赴大陸執行空投、空降、護送敵後工作人員、武裝游擊人員、電台設備與武器彈藥等，仍屬於軍事對抗的範圍。

黑蝙蝠空投作戰，內容包含物資與人員

1951年5月9日，蔣夫人宋美齡女士在台北召見第一批陸軍特戰傘兵：戴晴川、沈長齡、王夢麟、戴正、胡天鵬、趙連生、孔昭曄、朱湘萍、趙富奇等9人，並派往「黑蝙蝠」中隊，赴大陸執行任務，由於當時的通訊器材由真空管組成，無法空投，因此以跳傘護送通訊器材特別重要。

任務在1954年5月被擊落一架B-17以及在隔年4月14日被擊落一架B-26戰機，共有5人殉職：烈士戴晴川、王夢麟、孔昭曄、趙連生、張玉杰等，因此候補了4為人員，先後共13位。

趙富奇曾獲得國軍第五、六、七屆「克難英雄」殊榮，後來加入陸軍神龍小組擔任教官，1959年12月12日，台灣曾舉辦首次的跳傘結婚典禮，他是參與跳傘表演的12位成員之一。胡天鵬曾被選為「領袖通信特使」，先後出14次的特殊任務，蔣總統三次召見，並連續三屆獲選為「國軍戰鬥英雄」。

　　八二三砲戰後進入「單打雙不打」的對峙情況，卻因此產生了特別的砲宣彈，它是一種特製的砲彈，將宣傳單捲緊裝於彈膛內，發射至敵方某定點3至4百公尺的上空，砲彈後方的旋塞會後退脫離，內置品即散落地面，如果發射目標準確，可做到不傷及房屋及人畜的成效。砲宣彈的實施，從八二三砲戰後期開始，敵我雙方都有間歇性發射，持續到1978年12月15日，美與中共建交後，雙方同時停止射擊。

　　此後空投游擊隊之任務漸少，但情報員仍繼續。反而心戰的比例加大，包括心理與物質心戰，對象為廣大的大陸人民，心理心戰即對大陸電台廣播與前線島嶼的心戰廣播，如下圖之播音站與心戰播音員。心戰宣傳最有名氣的就屬二戰期間日本對美軍部隊心戰廣播員的「東京玫瑰」，不用武力就可以瓦解軍人在戰場上的的士氣。

前線播音站與著軍裝的女播音員

　　當時對岸的心戰就是透過頻道向出任務的黑蝙蝠弟兄們喊話。例如1959年，34中隊為了測試共軍攔截能力，在5月29日夜裡同時派出兩架B17進入華南進行活動，815號機（新竹一號）先行出發，李德風所駕的835號機（新竹二號）於兩個小時後跟進。815號機（新竹一號）完成任務後於返航途中遭敵機截擊，不幸中彈起火，致墜落廣東省恩平縣境，壯烈殉國。事後李德風多次執行任務中，總是會在廣東

地區截聽到中共的喊話，勸告34中隊機員「駕機起義」，否則遲早要步上「815」號機的後塵。

另一種是「親情喊話」，戴樹清飛行官回憶在執行任務中，曾聽到父親錄音喊話，不但報告家裡情況，還勸導說：「這裡危險，不要再來了。」接著更說要打開機場跑道燈，歡迎「來歸」有賞，種種利誘不成，最後只好威脅擊落。另一次甚至恭喜朱震飛行官喜獲麟兒。李崇善上校在1961年成為教官，成立分析室，1963、1964年時曾經在錄音資料中聽到對自己與朱玉銘飛行官的喊話，但仍稱1957年時的官階「上尉電子官」，研判為1957年11月5日一架B-26出任務時在浙江沿海失事，三位隊員被俘時的名單外洩。

呂德琪隊長雖然沒有在「上面」聽到親情喊話，但後來得知當時他父親與大哥曾經被請去浙江麗水電台錄音，準備喊話，大哥還與對方起爭執，自稱：把我送到台灣去，差點遭受牢獄之災。柳教官後來也從其妹妹柳慧芳處得到如下心戰資料，宣傳單中明示：34中隊少校飛行官。

中共心戰喊話的對象大部分是飛行官，另一方面，心戰喊話雖然是錄音，縱使是「亂槍打鳥」，似乎有特別針對34中隊，顯然情報工作有著力。

針對黑蝙蝠中隊的中共宣傳單

　　物質心戰包括海飄、空飄與空投，前線海邊據點設有海漂站，負責將心戰品裝進有福字的海漂塑膠盒。海漂的對象爲大陸的沿岸居民。海漂作業是利用潮汐時間，於每年四月至十月半年期間，採用以塑膠原料訂製的海漂杯、寶特瓶、內裝宣傳單或各種實物，配合漲、退潮時間，由心戰單位雇請本島漁民，以漁船帶至適當海面散放，使它隨海水漂浮在沿海一帶，讓大陸漁民撈撿。當時大陸生活水準低，據當時曾參與過這項工作的漁民反映，每隻訂製的海漂杯，大型者可賣一元人民幣，小型者可賣五角，一條漁船一天內只要撿個十幾二十隻，收入就比他們打一天的魚要高了。

　　海漂作業實施的時間較晚，早期採用得較少，在兩岸漁民開始有接觸的初期，這種方法用得最多，起先實施的效果很好，後來對方知情的人多了，常常有人會打聽施放時間，有些船乾脆不打魚，跟在我方漁船後面，來個你放我撿，大小全包。往後甚至有部分變成兩岸漁民間的交易行爲，兩岸局勢緩和後，這項作業也停止了。

海漂站

海漂心戰品

　　空飄是製作紙質宣傳品，以汽球作爲傳媒，配合定時器，利用風向使其帶送到大陸內地上空後引爆，使宣傳品散飄落地，讓民眾拾撿後分傳同伴，以達到廣大的宣傳效果。對象爲大陸的沿海省分居民。

　　早期的空飄作業，僅施放小汽球和數量不多的中型汽球，自1966

年起，在風向於我方有利期間，增加施放高空汽球。由金門上空所施放的，最遠可達華中一帶。爲激勵其宣傳效果，每張傳單上皆印有「保存本件，可用以證明反共心跡者，享受各種優待」。而且每一只汽球表面，都印上各種反共標語。

前線的心戰空飄作業

到了後期的空飄內容，除了宣傳品之外，還包含日常生活用品、各種禦寒衣物、手錶、兒童玩具、香煙、口糧、小型電器等上百種，逢年過節，還有應景食品。這些飄送的物品，都由「中國大陸災胞救濟總會」所提供。

空飄與空投作業，以自由牌香菸與梅花牌手錶最爲搶手，每包香菸軍附上安全證，以此歡迎中共軍隊起義來歸。梅花牌手錶較具實用性，後來考量到了錶面的蔣先生相片會造成使用上的困擾就取消了。

空飄之日常生活用品

空飄之自由牌香菸（左）與梅花牌手表（右）

　　空軍特種任務的工作內容依任務有所不同，有的專責空投；有的專責高空偵照（如黑貓中隊）；有的專責低空偵測（如黑蝙蝠中隊）。顯然黑貓中隊無法空投一般物質或傳單，但卻曾透過黑蝙蝠中隊的「奇龍計畫」，於1969年5月17日到大陸甘肅空投二個電子偵測儀（收集核子試爆與飛彈試射之相關數據），當時任務使用C-130飛機，由孫培震、黃文騄、楊黎書等12位隊員執行之。黑蝙蝠中隊以電子偵測為主，但因配備空投士（兵），空投亦成為其業務範圍，大陸任務除偶空投敵後情報員外，一般任務是空投心戰品，包括文告、傳單、號

召起義來歸證、日用品、食物包、米袋、救災口糧、流動糧票、收音機、玩具、自由口哨及報紙等，空投的對象則是內陸地方的人民。黑蝙蝠中隊另有一種空投任務是海拋特種任務用過的儀器設備，呂德琪隊長在行政業務上注意到大部分美方提供的儀器設備，上面的出廠系列號碼常常是前3號，換言之，當時新出爐的新儀器設備，即提供黑蝙蝠中隊「試用」，可以用繼續用，否則就打包海拋至海底，呂德琪隊長也曾執行過此種任務。

空投米帶

空投食品包裝

慰問袋

慰問袋外說明

以當年使用P4Y飛機出空投任務時的流程為例，首先任務提示（包括航線、空投點、對錶等），接著清點心戰品、過磅、排序與裝運至機艙內。其中空投食物慰問袋強調：隨撿隨吃，據敵後人員反應情

資表示，大陸同胞常撿到當寶貝藏起來，結果過期吃壞肚子，反讓中共宣傳：國民黨下毒。

傳單　　　　　　　　過磅

裝運　　　　　　　　PY4 出發

　　至於報紙則是特別編印的「自由中國週報」，1956年蔣總統召見空投任務機組人員時，問及空投的內容與傳單後，交代未來要包括元旦告全國同胞書。34中隊在1958年就空投了蔣總統元旦告全國軍民同胞書。

　　1957年，黑蝙蝠中隊飛大陸偵測兼空投反共宣傳品就達53架次，依中共之統計，解放軍空軍出動飛機攔截69次未果。其中有兩次分別「震動」兩岸。第一次為元旦過後的元月2日，前一天元旦李崇善剛

參加在中山堂舉行的第七屆國軍客難英雄與政士表揚大會，但是在三軍球場看了半場的白雪溜冰團的表演時，接到任務指示，幾位隊員搭上吉普車返回新竹基地，準備隔天大陸九省的電子偵測與空投任務。

元月3日完成如中央日報於隔天頭版所報導之「空投萬千紙彈」任務，安全返回新竹基地，元月5日上午獲蔣總統召見慰勉。「空投萬千紙彈」對蔣總統與國軍而言算是「精神反攻大陸」：收復9省。值得注意的是該頭版報導對電子偵測隻字未提，也未特別提及成員的組成，例如電子官只以空投勇士一語帶過，以空投副業掩護電子偵測主業，也是機密任務的特色了。

黑蝙蝠空投作戰，內容包含物資與人員

中央日報頭版：精神反攻大陸，空投飛越九省

　　第二次震動在同一年的11月20日，RB-17G電子偵察機以「老鷹79號」任務，低空飛進大陸長達13小時20分，飛越9省偵測與空投，更到達離北京只有200餘公里的石家庄上空，沿途中共空軍18次攔截，都未成功（羅胸懷編著，《中國空軍紀事》，北京：中央編譯出版社，2010，頁228）。該任務共有14位隊員參加。此次任務「如入無人之境」特別讓中共「震動」，連毛澤東主席也親自指示：由治標轉治本，由被動轉主動（李崇善，〈獲得最大「心戰成果」的一次RB-17G電子偵察任務：黑蝙蝠中隊「老鷹-79號」任務〉，《中國空軍》，2009）。可以說黑蝙蝠中隊直接刺激並影響了中共空防後來的發展。更早也有類似鎖定特別地區的傳單空投，例如1953年2月15日，台灣的各報紙曾以「三千萬紙彈襲擊上海」的標題，當時的空投人員主要來自特戰傘兵。

國民黨恭賀飛越九省函

　　當時西藏正展開獨立運動，因此傳單也反應此種號召「裡應外合」的時代氣氛。

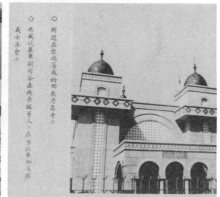

各式空投心戰傳單 資料來源：空軍軍史館

　　號召中共空軍駕機投奔台灣，大概是當時最希望藉以下傳單達到的目標，確實在1960至1989年間，一共有13架中共飛機，16名空軍飛行員駕機來歸，被稱為「反共義士」，皆獲頒黃金。其中第一件駕機來歸案，發生於1960年1月12日，王文炳駕米格15戰鬥機，從浙

江路橋起飛，欲降落於宜蘭，但因地形不熟，降落時失事而死亡，當時各報皆頭條報導，後來也製成傳單。以下第一張彩色傳單下方特別說明此案，並強調黃金已妥為保存，留待家屬來領取。

起義來歸與賞金的心戰傳單

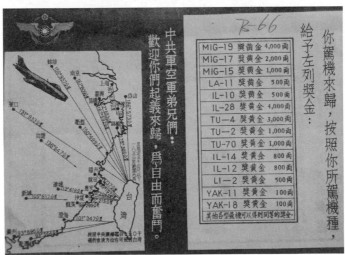

機種與賞金對照表傳單

　　1961年9月15日，邵希彥、高佑宗駕B-18132號AN2型民用螺旋槳飛機自山東膠縣起飛至韓國濟州島，10月7日接回台灣，由上表可知AN2型民用螺旋槳飛機並未列在名單上，因此以「其他」處理，獲頒500兩黃金。

邵希彥與高佑宗起義來歸

　　1962年3月3日，中共飛行員劉承司駕米格15b戰機投誠，依該表所列獲頒1000兩黃金。最高額4000兩黃金所列的主流戰機米格19，於1977年7月7日由范園燄投誠取得。

　　另外，1966年1月9日，中共海軍一艘 F-101登陸艇向馬祖我軍投誠，三個月前，李顯斌剛飛來投誠。以致登陸艇頭誠三人組在隔天回台起飛後，被中共四架米格攔擊。

　　反過來說，國府飛行員駕機「回歸」中共者，由1946年至1989年間計有41起（其中由台灣起飛者21起）。由台灣起飛的第一次在1947年4月17日，第八大隊B-24轟炸機杜道時上尉飛行官與第20隊郝子儀機械官合作，駕駛第20隊的C-46運輸機，由新竹機場飛往大陸徐州機場投誠（羅胸懷編著，《中國空軍紀事》）。21次中，由岡山起飛者占7次，黑蝙蝠中隊基地的新竹機場投誠3次，另外2次的時間分別為1954年及1963年，機種則是B-25轟炸機及F-86F戰鬥機，

兩岸當年諜對諜,一樣依據飛機不同分發獎金及黃金,1963年頭誠的第二聯隊11大隊43中隊飛行員徐廷澤駕駛的F-86F為國府主流戰機,價值2500兩黃金。同時黑蝙蝠中隊在基地的另一邊進行飛往大陸的任務,目的是偵測而非投誠。

投誠的米格 15B 戰鬥機

范園燄駕米格 19 來歸

資料來源:《20 世紀台灣》1962, 1977

　　大陸1956年1月28日，國務院通過《漢字簡化方案》，1月31日在《人民日報》正式公布，開始推行並修正。直到1964年5月，2236字的《簡化字總表》底定。因此1960年代的心戰空投，也隨著使用簡體字，如以下2則傳單，其中左圖是1979年9月10日台大醫院的醫師們，分割連體嬰忠仁、忠義時成功的消息。

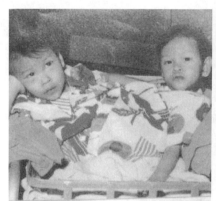

簡體字傳單

　　黑蝙蝠中隊在1963年轉向越南實施「南星計畫」（2號與3號），協助美國中央情報局（CIA）與軍方執行北越任務，主要使用C-123飛機，而空投和運補反成為核心工作。依據傅廣琪裝載長的口述，早於1963年開始推薦人選，除了赴東大路102號「新房子」面談外，衣將軍也在情報署辦公室個別召見，猶記得整個辦公區域飄著雪茄味。過程中被告之本任務的「三不」：不要問、不要講、不要聽。

　　南星計畫的越南任務最初有四組，後來擴充為6組，計畫初期裝載與空投就開始有系統的調人與訓練。1964年6月3日報到，第一組人員中就有軍械、射擊、機械等不同專長者，隔天4組共14人馬上派往花蓮特戰訓練基地接受裝載、陸上求生等訓練，進出基地車輛皆需蒙上黑簾，因基地內有不同單位受訓，各有掛牌區隔，所以紅牌者不得進入藍區，各區入口有憲兵守衛。接著赴屏東潮州接受C-123空投

訓練，最後海上求生訓練在越南芽莊海邊舉行。

空投班14位的大名如下：

陳瑞虞、張銘生、呂志剛、曾國才、陳鴻貴、劉壽信、湯先富
陶靜波、陳桂芳、李惠傑、黃德萬、朱運南、劉貴生、傅廣琪

同期間（1964/5/1-7/15），7組飛行官、領航官與機工長也以「大鵬計畫」為名至美國受訓，目的是為了熟悉C-123飛機，後來7組的飛行官、領航官與機工長與4組的裝載長在越南執行的任務就是「南星3號計畫」。另外有一批鮮為人知的「被空投者」，也就是越南籍敵後工作人員。當時在台灣龍潭受訓，後來訓練移往西貢邊河機場附近的一個也叫作龍潭的基地。

C-123機的後門設計適合空投，空投物質在飛機上關係到「裝載平衡」的規劃，因此需要團隊配合，除了傳單外，其他軍需物資已在第三地打包成箱，無法得知內容，但知道體積與重量以配合裝載平衡與空投順序。范元俊領航官曾記得空投物包括麵粉、乾糧、收音機、手錶等。人的部分必須提前著裝，為適應森林跳傘，還得有面罩以及隨身求生設備，因此著裝後很像「太空人」，如果任務特殊，還有「隨身箱」先後空投。美軍會先規劃航線與空投點，飛行航線之左右偏差不得超過5英里，空投點到達時間誤差不得超過3分鐘，地面設有T字型空投信號（只開燈2分鐘），在進入T字型尾端時立刻執行空投，相反若未見空投信號必須即刻飛離現場。執行空投時，空投物配有滑輪，後門分左右，到空投點時，機長以對講機通知，裝載長蹲下分據左右兩邊，開門後，等紅燈轉綠燈鈴響，機長配合同時拉高機頭，此時空投士以刺刀割斷尼龍繩，物資即離開飛機落下。接著再空投「人」，越籍人員有男有女，一般為2至5人，每人前有胸傘，後有自動傘，依序跳下後，由裝載長收回牽引帶及關門。傳單的空投區域較為不同，

而且分散投，因此在機身左右後門分置兩個漏斗，將傳單放入漏斗中即可往下散去。以下為難得一見的越南傳單。

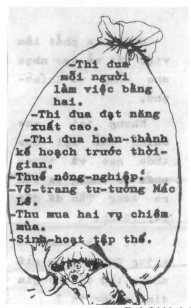

我方幫忙空投的越南傳單
資料來源：傅廣琪裝載長

空投班從1964年6月受訓到12月赴越南出任務期間，傅廣琪裝載長與同組人員有幾個月住在新竹基地內原8大隊33中隊宿舍，經美

方整修後每一間寢室都有冷氣，並以美方灰色大巴士接送，故曾被基地其他單位戲稱為「皇家空軍」。平常著綠色軍服，制服上繡有POD字樣，如有訓練則改穿橘色飛行衣。基地內合作社有賣814冰棒，美方灰色大巴也會到東門城附近，因此在廣場上吃臭豆腐及到新興戲院看電影也成為當時的休閒娛樂。

傅裝載長在越南的生活照
資料來源：傅廣琪裝載長

　　出任務的地點到底還是在越戰戰區，每出一次任務就是一次「生命關卡」，人性的弱點與親情的牽掛無法避免，一句「出任務」的背後有多少秘密與壓力？因此制度性設計是提前一天集合赴台北，集中居住於香港大飯店（中華路與衡陽路交會處），隔天再由松山基地出發去越南的芽莊。隊員居住於芽莊海邊的法國天主教堂宿舍，早上點名後由OD（值日官）分配任務，沒有出任務者留守自修，週五下午外籍顧問返回台灣時得休假兩天半，可以坐三輪車到芽莊街上逛逛，傍

晚回營，飲食由宿舍華航伙食團打點。

　　另外我方隊員宿舍與美軍宿舍中間有一籃球場相隔，空閒時常有籃球友誼賽，也有網球場與桌球檯，因此運動休閒也成為越戰生活記憶。劉教之通信官的運動休閒比較特別，那就是到芽莊海邊「浮泳」、拍照。由於有華航派駐廚師，因此餐敘也成為雙方人員的交流項目，我方甚至提供高粱酒助興，美方人員認為高粱酒的後勁比美戰鬥機的燃油JP4，所以高粱酒被稱為JP4。

芽莊海邊「浮泳」與拍照
資料來源：劉教之通信官

　　傅廣琪裝載長共出任務49次，幸運全身而退，但是當初一起受訓的空投班同儕，仍有數位因出任務而殉國。例如1965年6月27日我方降落越南新山一機場被越共擊中，14名犧牲者中包含2位美軍與2位華航人員，空運班的曾國才與黃德萬亦在其中。以及1965年8月31日由越南飛回台灣途中，於南中國海失蹤，9人犧牲，其中包括空運班的張銘生與呂志剛。

　　空投士看來不是空戰的主角，但是沒有他們，就缺少空戰中的政治心理戰，如此空戰就不算完整。2010年3月26日，黑蝙蝠中隊的空投英雄趙連生、張玉杰兩名傘兵，終於入忠烈祠，還其公道，但離他

們殉國已55年（1955年4月14日）。另一位在1961年11月6日於遼東半島上空殉國的周迺鵬空投士，卻有感人的大愛故事，他在孤兒院中長大，其畢生積蓄依遺囑全數捐給松山孤兒院，院內設有「迺鵬堂」以茲紀念。

制服上的榮光

—黑蝙蝠的戰功飾條—

　　黑蝙蝠中隊隊員所著的空軍制服，衣前的勳獎章與左袖上的戰功飾條非常引人注目，因爲它們代表戰功。「實戰」的戰功機會自1958年的八二三砲戰之後漸微（八二三砲戰延伸至9月24日，空軍在台灣海峽上空擊落中共米格十七型機10架）。因此「視同作戰」的特勤任務才有機會獲得戰功，黑蝙蝠中隊即爲其中之一。

　　首先論及勳獎章，中華民國勳章之起源，始自清同治二年（1863年）之金寶星及銀牌，主要是頒贈剿匪有功之外國人士。開國以後，陸軍部制定「勳章章程」，規定勳章種類爲九鼎、虎羆、醒獅三種，每種各分九等。此後政府又陸續公布「頒給勳章條例」、「陸海軍勳章令」等相關法令，訂定大勳章、嘉禾勳章、白鷹勳章、文虎勳章、寶光嘉禾勳章等。奠都南京後，上述勳章全部廢止。1929年國民政府公布「陸海空軍勳章條例」，規定青天白日勳章與寶鼎勳章，適用於軍職人員。1933年公布「頒給勳章條例」，規定采玉大勳章與采玉勳章，適用於文職人員。1935年公布「陸海空軍勳賞條例」，同年8月廢止「陸海空軍勳章條例」，1945年公布「空軍勳獎條例」。其後歷經多次修正，除保留原有勳章適用外，更擴大頒贈勳章種類及範圍。

　　勳獎章包括分軍職勳章14種、軍職獎章（通用、陸海空、優勝）、紀念章13種與文職勳章6種。依據陸海空軍勳賞條例，軍職勳章有7種（6種勳章加上勳刀），其中包括大家耳熟能詳的青天白日勳章，其實之上還有國光勳章，之下還有寶鼎勳章、忠勇勳章、雲麾勳章、忠勤勳章。由於1945年公布的「空軍勳獎條例」有5種空軍勳章入列，加上抗戰勝利勳章與國民革命軍誓師十週年紀念勳章2種，因此廣義上共有14種軍職勳章。

　　總計空軍獲頒青天白日勳章者，共有15位，較特別的2位是：得到空軍第一枚青天白日勳章者的蔣宋美齡女士，以及當年大力幫忙空軍的美籍陳納德將軍。另外13人依次是：周志開上尉、周至柔將軍、張廷孟將軍、王叔銘將軍、毛邦初將軍、高又新少校中隊長、蔡名永

中校、王育根中校、張省三少校、李礦上校大隊長、顧兆祥將軍、歐陽漪棻中尉飛行官、賴名湯一級上將。

　　爲空軍而設之勳章有大同勳章、河圖勳章、洛書勳章、乾元勳章、

青天白日勳章　　　　　　　　　　國光勳章

作戰積分條及軍籍號碼

復興榮譽勳章5種，大同勳章頒給空軍高級指揮官於空中或地面指揮得力，運籌適宜，致獲全功；或作戰獲得戰果，爲整個戰爭勝利之關鍵者；對空軍建軍工作，有偉大貢獻及特殊成就者。河圖勳章則頒給空軍將士，凡於戰鬥間處置妥善，使全軍獲得重大勝利，或服行作戰任務，飛行滿一千八百小時或參與作戰任務滿六百次以上，有特殊英

勇表現與成就者。

空軍勳章名稱與設計意義表

大同勳章　　　　　　　河圖勳章

空軍勳章名稱	設計意義
大同勳章	由梅花、十字組成，梅花為國花，代表國家，中鑲「大同」表示章名，十字架代表基督救世。
河圖勳章	中心為河圖，四周為光芒。龍馬負圖出於河，一六居下。二七居上，三八居左，五十居中，據以畫八卦。
洛書勳章	洛水出神龜，載九履一，左三右七，二四為肩，六八為足，而五居中，謂之洛書。
乾元勳章	太極與八卦之圖，乾代表天，易曰：大哉乾元，天行健自強不息。
復興榮譽勳章（分三等）	中心為國花，周圍圍繞五架飛機，代表五大族，周邊機翼代表空軍。

資料來源：國軍歷史文物圖錄專輯，2005

勳章以外，空軍有以下六種獎章。

名稱	級別	授予
星序獎章	1（9星）	擊落敵機九架
	2（8星）	擊落敵機八架
	3（7星）	擊落敵機七架
	4（6星）	擊落敵機六架
	5（5星）	擊落敵機五架
	6（4星）	擊落敵機四架
	7（3星）	擊落敵機三架
	8（2星）	擊落敵機兩架
	9（1星）	擊落敵機一架
鵬舉獎章	1（襟綬）	凡作戰飛行滿五百四十小時，或參與作戰任務滿一百八十次以上者頒給之。
雲龍獎章	1（襟綬）	凡作戰飛行滿四百八十小時，或參與作戰任務滿一百六十次以上者頒給之。
飛虎獎章	1（襟綬）	凡作戰飛行滿四百二十小時，或參與作戰任務滿一百四十次以上者頒給之。
翔豹獎章	1（襟綬）	凡作戰飛行滿三百六十小時，或參與作戰任務滿一百二十次以上者頒給之。
雄鷲獎章	1（襟綬）	凡作戰飛行滿三百小時，或參與作戰任務滿一百次以上者頒給之。
彤弓獎章	1（襟綬）	凡作戰飛行滿一百八十小時，或參與作戰任務滿六十次以上者頒給之。
宣威獎章	1（襟綬）	

資料來源：維基百科，中華民國勳章獎章列表

　　空軍401聯隊是一支極具光榮與優良傳統的部隊，在大陸時期空軍建軍之初，於民國25年10月16日在筧橋成立「空軍第五戰術戰鬥機大隊」，不久即積極參與抗日作戰，並在美國正式對日宣戰後，成為14航空隊「中美空軍混合團」成員之一，以飛虎之姿在抗日戰爭最艱苦階段，締造令人稱羨的戰績。

　　民國47年「八二三戰役」中，我英勇空軍重創中共米格機，高達31比1的輝煌空戰紀錄震驚中外，其中21架正是由401聯隊前身的第五大隊所擊落，亮眼的戰果居全軍之冠，榮獲先總統　蔣公頒贈象徵最高榮譽的「老虎旗」表揚。

　　陸軍第九師大膽部隊於47年參加八二三砲戰後，獲得老虎旗一

面，在48年時設計隊徽臂章時，即以老虎旗上的「老虎」為隊徽圖形。

戰功飾條的正式名稱為「戰技積分」，飾條分為厚條1,000分、整條100分與半條50分。

象徵軍隊最高榮譽的老虎旗

老虎旗之正面

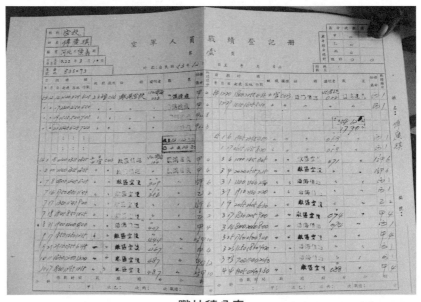

戰技積分表
資料來源：傅廣琪裝載長

黑蝙蝠隊員戰功積分與受勳表

名字	戰功積分	勳章	國軍英雄
趙　欽飛行官	2,000	河圖勳章 乾元勳章 洛書勳章 復興勳章	11
呂德琪飛行官	1,100	河圖勳章 乾元勳章 洛書勳章 復興勳章	6, 7
李德風飛行官	2,850	河圖勳章 乾元勳章 洛書勳章 復興勳章	3
馮海濤領航官	1,353	忠勇勳章	
宋宏森飛行官		乾元勳章	16
楊黎書飛行官		寶鼎勳章	
戴樹清飛行官	1,800	河圖勳章 乾元勳章 洛書勳章 復興勳章	10
柳克嶸飛行官	1,926	河圖勳章 乾元勳章 洛書勳章 復興勳章	10, 13
蔣明軒通信官	250	忠勇勳章	16
傅廣祺裝載長	173	忠勤勳章	
湯先富裝載長			16
李崇善電子官	1,250	河圖勳章 乾元勳章 洛書勳章 復興勳章	7
劉教之通信官	950	河圖勳章 乾元勳章 洛書勳章 復興勳章	18

　　有「戰技績分」才有機會當選克難英雄與政士，以李崇善上校當選的第七屆（1957年1月1日）為例，前一天台灣各地克難英雄乘火車

抵台北站,各界代表、地方黨政軍首長等,都在車站歡迎。下午,全體英雄政士重新編隊接受新聞界訪問,隨後前往中山堂光復廳接受軍友總社的歡宴。1957年1月1日,各界假中山堂中正廳舉行慶祝歡迎大會,由立法院院長張道藩主席主持,全體克難英雄政士328人(含金門前線47人)及各界代表共兩千人參加。蔣總統中午在中山堂光復廳設宴款待並召見328位國軍英雄,一起大合照。

第七屆(1957)克難英雄與政士大合照

總統召見 B-17 任務機組(1957/1/5)

黑蝙蝠克難英雄在新竹火車站合影，戰功條明顯可見
前排右二鍾書源；右三趙欽隊長；左一空投士邢漢章

克難英雄政士

　　李德風飛行官因發現陶普斯輪而獲第三屆克難英雄，他本人歷盡艱險榮獲「戰鬥績分」2850分之後，於1962年轉調中華航空公司成為民航機師，退休後仍擔任模擬機教官。

老虎臂章之相關報導

1959年陳嘉尚總司令贈禮物給出國受訓者

B26 機組：由左至右 李德風（飛行官）、吳國禮（通信官）
　　　　　王　樑（領航官）、陳光宇（領航官）

右一為李德風（飛行官）

黑蝙蝠將軍

―另類的北斗七星―

　　黑蝙蝠中隊執行電子偵測期間，主要出任務者以校級軍官爲多，因此殉國者也多校級軍官，可謂：朵朵梅花飄落神州大地。任務結束後，許多隊員轉調華航、軍方研發單位或退伍，因此繼續留在軍方發展的隊員相對少，升上將軍者只有4位，加上2位因殉國追贈少將，全部6位一共7顆星星，可謂：另類北斗七星。其中大部分都是飛行官，只有吳鍾珍少將爲通訊官，而且是特別的「文武將軍」。

黑蝙蝠將軍	黑蝙蝠簡歷	職務
劉鴻翊中將	空軍官校 32 期 作戰官 (1961-19??)	供應司令 專機中隊
呂德琪少將	空軍官校 19 期 黑蝙蝠中隊隊長 (1964-1967)	陸航處長 國防部情報參謀次長室第一處長
吳鍾珍少將	空軍通校 12 期 (1963-1969)	國防部計畫次長室第五處長
黃文祿少將	空軍官校 33 期 南星、奇龍、金鞭計畫 (1964-1972)	專機中隊 情報署副署長
殷延珊　追贈少將	空軍官校 15 期 黑蝙蝠中隊隊長 1960/3/25 於韓國群山殉國，時爲機長	嘉義基地空運大隊飛行員、分隊長，作戰長以及中校指導員 空軍技術研究組首任組長
郭統德　追贈少將	空軍官校 15 期 黑蝙蝠中隊隊長 1962/1/8 於朝鮮灣大連、安東沿海殉國，時爲機長	空運部隊中隊長 駐美武官

劉鴻翊中將

　　空軍官校32期，在34中隊擔任上尉飛行員期間，飛P2V、P3A。1968年爲了奇龍計畫，美方先提供一架C130力士型飛機，並由空軍楊紹廉參謀長與呂德琪隊長挑選三組共27人赴美受訓七個月，其中

有六位飛行員，包括黃文騄將軍。受訓地為美軍秘密機場（號稱Delta基地），來回搭波音727與C118專機，全程有美方人陪同，不得自行活動。受訓回國之後，蔣經國先生與賴名湯總長還批示受勳：忠勇勳章，成為受訓受勳的特殊例子。奇龍計畫結束後，歸建34中隊擔任中校作戰長。後來轉空軍總部作戰署，特別成立電子作戰組，任中校組長，後升任上校即提出退役申請。當時批閱上校退役申請的郭汝霖總司令，發現劉上校有C130經驗，而屏東第六聯隊正要成立C130機隊，因此批示延役赴屏東第六聯隊擔任參謀長。公文到郝伯村總長處，改派成少將聯隊長，負責12架C130之成立、受訓、後勤維修事宜。由於此項經驗，後來擔任後勤供應中將司令。為黑蝙蝠中隊中軍階最高者。

呂德琪少將

空軍官校19期，曾參與過東北戡亂、徐州保衛戰、徐蚌會戰，來台持續參與特種作戰任務，包括支援韓戰運補、獵狐、黑蝙蝠中隊、南星二、三號、奇龍計畫等，其中獵狐計畫開啟電子戰的先河。1954年，我方分別由33、34、35中隊徵召13位機組人員，以PB4-2轟炸機首次展開對大陸的電子偵測。當時呂德琪少將擔任機長，其他組員包括：副機長朱震飛行官、李崇善電子官、羅樸電子官、柳肇純領航官、李滌塵領航官、傅定昌通訊官等。曾當選第六與七屆戰鬥英雄。

級職：上校組長
姓名：呂德琪
籍貫：浙江省縉雲縣
出生：民國11年08月12日
學歷：空官校十九期
經歷：飛行官 分隊長 作戰長
　　　副組長 副隊長
民國53年07月16日任職

呂德琪上校在黑蝙蝠紀念館簡介

1966年，美方無預告的將P2V、P3A、C54等飛機撤離新竹基地，只留供越南任務用之飛機，大陸電子偵測任務只好告一段落。隔年，賴名湯接任空軍總司令，將呂德琪隊長調任松山基地副指揮官，1968年調空軍總部情報署組長，1973年改調陸軍總部航空處上校處長，隔年晉升少將。

當年晉升少將核定之後，發生演習墜機事件。1974年12月27日，國軍舉行代號三軍聯合「昌平演習」之預校，陸航第一大隊第11空中機動中隊派兩架UH1H直升機從龍岡飛往桃園，陸軍總司令于豪章（1918-99）帶領多位將領前往視導演習部隊。空軍出身的賴名湯參謀總長當時在獲悉桃園地區氣流不穩時，就決定改乘汽車前往。

但由於天候實在惡劣，兩架直升機失去控制而墜機，導致機身斷裂，立即造成政戰部主任張雯澤中將、第一軍團司令苟雲森中將、十軍軍長馮應本等共13位殉職。當時于豪章的侍從官高華柱上尉，爬了近兩百公尺到馬路上求援。此項意外讓當時最有機會升任參謀總長的于豪章，從此必須以輪椅度過下半生。

1974/12/30 呂德琪晉升少將授階典禮，蔣經國先生握手道賀

吳鍾珍少將

空軍通校12期，先後服務於空軍第八大隊、十大隊、四聯隊，於1963年6月調至34中隊，擔任上尉電子機務官。當年3月，我自美方接收五架C-123B運輸機，開始展開在越南的南星計畫，美方的對口單位為空軍特戰隊。吳鍾珍少將於1964至1969年間參與南星計畫，每半年出任務一個月，到越南芽莊美空軍基地，協助維護飛機之電子與機械設備。

南星計畫期間向蔣經國敬酒

吳鍾珍少將在越南與同儕合影

吳鍾珍將軍在越南的生活照

吳鍾珍少將與兩位美軍士官合影

結束南星計畫任務回國後，1969年38歲時自願進修，在空軍二

聯隊留職留薪，考上中原大學電子工程系就讀，畢業後改調空軍總部計畫署，因任務需要，有機會報考淡江大學管理科學研究所，1975年獲碩士學位，再調中科院，1982年調任國防部計畫次長室第五處上校處長，於1985年晉升少將。退役後在大華技術學院（當時工專）任教，曾擔任科主任與主任秘書，1996年自學校退休，成為黑蝙蝠中隊中首見的文武將軍。

黃文騄少將

空軍官校33期，歷經十一大隊、二十大隊、三大隊、十大隊102中隊，飛C46飛機的經驗十分豐富，特別在823砲戰期間執行多次金門的空投運補任務。獲十大隊前長官周以栗作戰長推薦，黃將軍於1964年加入黑蝙蝠中隊。遺憾的是推薦人於1963年6月20日與13位組員在江西殉國。

蔣經國先生為黃文騄飛行官授勳

當時34中隊共分三組：ABC Flight，黃將軍屬於A組，主要飛行機種為：P2V-7U、P3A。1967年後參加南星三號計畫時，專飛C123。黃文騄少將也是1968年奇龍計畫（美方稱為Heavy Tea Project）中第一組的一員，而且是唯一一組執行任務者。1969年5月17日，第一組12

位組員（包括孫培震、楊黎書等人）駕駛一架C130H的飛機取道喜馬拉雅山脈飛至大陸甘肅附近，空投兩具電子接收感應器，隨即讓在華盛頓總部的美方接收到訊號，有助於掌握中共在核武與飛彈的發展。1971、1972年在寮國執行任務，1972年底調專機中隊，1975至1986年間擔任總統座機組上校組長，使用波音720飛機，曾飛過嚴家淦與蔣經國兩位總統，最後升任情報署少將副署長。

殷延珊追贈少將

1957年，美方為了以P2V-7取代B-17（1954、1956、1959先後被擊落），特派機組人員赴美洛杉磯接受三個月的訓練，當時殷延珊擔任中隊的上校組長（後稱隊長），親自帶隊前往受訓，其他飛行員還包括戴樹清、趙欽、朱玉銘等。遺憾的是，1960年3月25日以P2V-7U到大陸東北出任務，在飛往韓國群山基地的降落進場途中撞山失事殉國，該機14位隊員成為P2V首批殉職人員。迎回英靈後，更史無前例的在新竹基地，舉辦了一次追悼會，當時空軍總司令陳嘉尚上將親臨主祭（李崇善，〈悼念殷延珊將軍機組十四位烈士殉國四十九年〉）。

1957年殷隊長（中）與朱志和副隊長與庾傳文教官（右一）合影

郭統德追贈少將

空軍官校15期，曾擔任空軍駐美中校副武官與空運隊隊長，1961年初由屏東調往接任趙欽隊長職務，成為中隊隊長，當時任命尹經鼎（19期）為作戰長。來基地接觸P2V時，戴樹清擔任他的地面教官。1961年升任上校，當年國慶閱兵時，榮膺閱兵空軍指揮官。1962年1月，以隊長身分駕P2V-7U電子偵測機執行大陸沿海任務時，在朝鮮灣失事殉國。

1958年總統召見
前排左三為郭統德

黑蝙蝠中的黑烏鴉

——電子偵測的主角——

　　電子戰始於第二次世界大戰，以相關電子設備來干擾敵人的通訊與雷達，當時操作這些電子干擾裝備之戰勤人員其代號為烏鴉（Raven），大都曾服役於空軍戰略司令部（SAC）與電子反制（ECM）部門與部隊，戰後有一批電子專家被邀在新澤西州的Mcguire空軍基地繼續培訓學生，學生們將烏鴉由Raven改成Crows，後來不少退役人士仍持續聚會，並於1964年9月於美都華盛頓成立協會（AOC：Association of Old Crows），而有電子戰經驗者就被稱為老烏鴉（Old Crows）。目前該協會有14500名會員，65個分會分布在19個國家，包括台灣（Association of Old Crows https://www.crows.org/）。黑烏鴉一樣有各種紀念品。1942年Mel Jackson開始在美國陸軍航空隊擔任首位ECM的電子官，一路走來，就連結到在台灣的黑蝙蝠中隊電子偵測機密任務了。

黑烏鴉協會的紀念品系列

GREY 1208　　　BLUE 1208　　　BURG 1208

黑烏鴉協會的領帶

　　基本上，執行高低空偵測之飛機通稱間諜飛機，包括大家耳熟能詳的U2、SR-71（黑鳥）、RE-101（巫師）。任務績效以1967年為例，中共第一次核彈試爆的8分鐘後，美總統桌上已放著由黑鳥拍攝的情報。當年低空電子偵測的黑蝙蝠中隊與高空偵測的黑貓中隊所使用的飛機都屬間諜飛機。

　　電子偵測是黑蝙蝠中隊的任務重點，因此黑烏鴉的人數較多，最多時中美合起來約90人，其中美方20人、我方70人（包括空勤30人與地勤40人）。話說1966年頃，34中隊除了P2V之外，又新增P3A飛機，因此透過面試的方式徵求電子官與通訊官，一時之間，許多空軍通校各期的同學們由各地前來報考，免不了又要同學會，李崇善夫人因此叫了新陶芳的外燴來招待南部來的同學們，因此1967年初地勤黑烏鴉難得一見的大合照。錄取報到後，集中居住於機場內的單身宿舍，

只有週末才能回家。想不到照完大合照的幾個月後，P2V停飛，P3V
飛回美國，任務結束，黑烏鴉們只好歸建回原單位。

1958 黑烏鴉軍官在新房子合影
前左起：宣志明、朱潮、Mr. Edward（台北）、錢允正組長（台北）
　　　、屈建勛、劉抑強
後左起：喻經國、李崇善、馬甦、傅定昌、Mr. Gregory（台北）、
　　　葉震寰、李澤林、鍾書源

　　地勤電子官皆有赴美受訓經驗，主要受訓地點為美國密西西比
州Biloxi市的Keesler基地，該基地在1947年設立雷達學校，主要由
81TW（Training Wing）負責培訓電子、通訊、地面雷達等專業，培訓
學生曾多達4700人，包括各國的空軍。
　　由於以下這張黑烏鴉大合照很特別，因此請李崇善上校點名，
辨識率達89.5%，為歷史留下見證，但這張照片仍有漏網之魚，例如
烏銓電子官。李上校喜歡幫老外取外號，例如一位電子主管為Col.
Haggerling，名字為James，因此就成為老奸（Jam）。

1967 年我方地勤黑烏鴉合影

前排左起：王志章（　　）、丁廣慈（12 期）、吳士亞（11 期）、不明、
　　　　朱仲英（9 期）、張漢邦（9 期）、曾照雄（2 期後補軍官班）、
　　　　魏映新（11 期）、張振田（12 期）、張鎧曾（12 期）、金祖聖（9
　　　　期）、李生智士官長、不明

後排左起：柏化岩（10 期）、宣志明（12 期）、黃盛年（12 期）、梁浩源（8
　　　　期）、楊建法照像官、吳宗珍（　　）、于慶林（12 期）、壽
　　　　永保（21 期）、任德溥（12 期）、不明、張疆（9 期）、延傑（11
　　　　期）、田士傑（11 期）、李崇善（12 期）、韓東升（19 期）、
　　　　李嘉玉（11 期）、宋雍華（12 期）、不明、王振中、不明、
　　　　楊衍敬（後補軍官班）、楊肇鷹（12 期）、吳士官、趙桐生（9
　　　　期）、孫廣鈞（12 期）。

　　李上校在歷經 50 次的空勤任務之後，開始擔任電子教官，接著
負責電子分析業務與成立 BDA，當時李上校辦公室的後面牆上就有黑
烏鴉的掛圖。李上校與羅璞應該是我空軍最早的電子官，也就是最早
的兩隻黑烏鴉。

擔任電子官的李上校也名列黑烏鴉的一員

　　大部分的地勤電子官都是「默默的主角」，支持空勤任務中去程的設備以及回來偵測結果的分析，雖然沒有出任務的驚濤駭浪，但是仍有許多值得分享的故事。例如通校八期的梁浩源教官，曾擔任通校助教，赴美受訓期間專研軍事用途的遙控汽車與飛機，早年曾在台北表演，也是萬人空巷，因此當選第一屆克難英雄，後來為空軍發展「慣性導航」技術。

　　眾所周知，黑蝙蝠任務由美方的中情局（CIA）主導，但是由黃盛年與孫廣鈞電子官所負責所謂 System 3 的 P2V 改裝，才知道美國安局（NSA）也插手黑烏鴉之業務，兩人在情報分析室中的設備是不一樣的，此種電子反制系統是為了飛機安全而設計。黑貓中隊特別需要此類系統，包括 system 13、20 等（沈麗文，《黑貓中隊：七萬呎的飛行記事》，台北：大塊，2010）。

　　楊衍敬電子官專長於電子佈局，例如模擬器的設計等，因此當年被清大的李育浩教授相中，以三軍工程聯隊工程師的身分到中科院

服務。于慶林電子官退役後至貿家貿易公司服務，擔任駐越南基地的
Motolora電子設備現場工程師，該公司福利佳，包括家人的探親假，
因此于慶林夫人有機會到越南會面旅遊，未料借基地吉普車前往探視
夫人飛機回程情況時，翻車往生，使得于夫人下機幫自己丈夫辦後事，
令人倍感遺憾。

　　此外，美國海軍確實有個黑烏鴉中隊，全名：電子戰術中隊
（VAQ 135），成立於1969年5月15日，使用EA-68偵察機，並配合尼
米茲（Nimitz）航空母艦執行任務，也包括海地地震的救災活動。

當黑蝙蝠遇上黑貓

─兩項特種任務的交集─

　　1950年代美國CIA成立「西方公司」，陸續負責設立位於新竹之黑蝙蝠中隊（空軍34中隊）與在桃園之黑貓中隊（空軍35中隊），分別從事大陸低空電子偵測與高空照相任務，雙方主事者爲克萊恩博士與蔣經國先生，執行窗口爲情報署衣復恩將軍。從1952起到1967止，黑蝙蝠中隊（飛B-17、B26、P2V-7U、C123等）出任務838架次，折損15架飛機，殉職148人。黑貓中隊於1961年至1974年期間，專飛U2，任務期間，出任務220次，折損12架飛機，10人殉職，2人被俘。雖然兩個中隊任務不同，但是最高層相通：即是黑蝙蝠，也是黑貓，採一條鞭指揮，由衣將軍、空軍總司令到蔣經國的指揮線，當時曾發生空軍徐煥昇副總司令到了桃園基地，想視察黑貓中隊被拒。可見黑蝙蝠遇到黑貓的機會非常少。

1958年總統召見
前排：郭統德上校（左三）、張育保（右四）、戴樹清（右三）
後排：陳懷生（左一）、趙欽（左二）、李德風（左三）、南萍（左四）、
　　　喻經國（右五）

　　由於任務特殊，等同執行作戰，不但可以累積戰功積分，對蔣中正總統而言，更有「反攻大陸」的意涵，因此屢受蔣中正總統召見，也創造了黑蝙蝠及黑貓的第一次接觸，1961年蔣中正總統在總統府召

見兩個中隊，先一起合照，再分兩隊照（當時黑貓中隊只有一位，只有他與總統合照），前頁大合照中可見黑貓中隊的陳懷生與黑蝙蝠中隊的趙欽。

蔣總統在桃園基地召見「兩黑」中隊

蔣總統與黑貓陳懷生飛行官合照

如果總統出外巡視，會在桃園基地召見兩個中隊，例如1961年11月9日黑蝙蝠中隊由新竹基地搭機前往會合，一樣先一起合照，再分兩中隊照。照片中34中隊之該組人員正因DS（Drop Special）之特別任務，使用後面之C54運輸機，執行空投敵後工作人員。

其實蔣總統曾於1956年6、7月間到新竹基地的停機坪視察黑蝙蝠中隊與飛機，並且逐位唱名，當時總統因唸錯，將張聞「驛」唸成張聞「鐸」，後來被同事戲稱也是「總統賜名」，歷史上實際被總統賜名者爲黑貓中隊的陳懷改名爲陳懷生。

其實黑貓中隊與黑蝙蝠中隊各有洋人隊長，1960年3月27日聚餐時兩位隊長碰面，留下了合照。35中隊Dick Burke中校隊長（下圖前排左3）與34中隊的Nelson上校隊長（前排左2）。當時Nelson上校正是台灣CIA的主管。

兩中隊的洋人隊長相遇

由於空軍特種任務的工作內容依任務有所不同，有的專責空投；有的專責高空偵照（如黑貓中隊）；有的專責低空偵測（如黑蝙蝠中隊）。顯然黑貓中隊無法空投一般物資或傳單，但卻曾透過黑蝙蝠中隊的「奇龍計畫」（Heavy Tea mission）於1969年5月17日到大陸甘肅

空投兩個電子偵測儀，收集洲際飛彈試射之相關數據，當時任務使用 C-130E 飛機，由孫培震、黃文駿、楊黎書、馮海濤等 12 位隊員執行之，讓兩個特種作戰任務有機會合作。

災難現場的相遇，最是讓人不勝唏噓。黑蝙蝠後期於 1971 年參加南星計畫的邱垂宇飛行官（空官 38 期），畢業後於 1957 至 1960 年間，曾服役於台中水湳機場的 20 大隊，後於 1962 年到 1970 年間調到救護大隊工作，協助處理了黑貓中隊吳載熙失事事宜。吳載熙飛行官於 1966 年 2 月 27 日駕著 U2 從事飛行訓練時，因為飛機的後燃器故障，準備降落台中清泉崗基地，當時韓國大統領朴正熙正在清泉崗基地，因此改降附近的水湳機場，沒想到該機場跑道較短，進場再重飛拉起時撞到電線桿而失事，墜毀於附近民宅。失事後，邱垂宇飛行官奉派由嘉義基地前往救護，雖已無生命跡象，仍將吳載熙飛行官火速送往台北，最後在台北整理遺容。兩位同為台籍，當時在兩個機密中隊，台籍飛行官非常稀有（黑貓中隊有五位，比例稍高），在此場合生死相遇，令人遺憾。

吳載熙飛行官

馮海濤領航官（空官 33 期、航炸 21 期）卻是唯一一位「也是黑蝙蝠，也是黑貓」的隊員，曾服役於早期新竹基地的第八轟炸大隊，黑蝙蝠與黑貓中隊所使用的 34 與 35 番號原來是在第八大隊之下的。第八轟炸大隊於 1958 年解散，馮領航官陸續服役於嘉義 20 大隊、台南 C119 獨立空運中隊（後改隸屏東六聯隊 20 大隊）。1968 年奉命調派黑蝙蝠中隊，接著隨即赴美受訓以執行奇龍計畫。計畫成功之後，1969年參加南星三號計畫，直到越戰結束。1972 年調桃園基地的黑貓中隊，擔任空勤領航官，在地面作業配合 U2 的任務，直到 1974 年中隊

解散。

　　1960年頃，李崇善赴桃園探其通校同學夏俊學機務官之肌肉萎縮症，巧遇與夏俊學同在第六大隊服務之陳懷也前往探病，後來夏機務長轉至新竹診所，位於光復路關東橋介壽堂（現光復路之老爺酒店）對面，陳懷多次前來探視，並為夏募款籌醫藥費，每人每月20元。為此，陳懷有機會訪問李崇善家，一起用餐，造就溫馨另類的黑蝙蝠遇到黑貓。

最後黑貓：蔡盛雄飛行官

　　近年來，黑蝙蝠隊慶舉行時，黑貓隊員蔡盛雄多次前來共襄盛舉。由於任務不同，因此黑貓中隊的隊員總共只有28位。其中一位隊員王錫爵在1965年退休後，進入華航擔任機師，於1986年劫持華航334號班機叛逃至大陸，成為黑貓中隊一項不光榮的歷史。

　　蔡盛雄飛行官自上海出生，後來成為空軍黑貓中隊最後兩位完訓隊員之一，另一位為易志強飛行官。曾執行過偵照上海任務的蔡盛雄，擔任過「副總統」的駕駛員。

　　2010年3月26日，黑貓中隊郗耀華、張爕、黃七賢等三位殉職隊員，以及隨「黑蝙蝠」中隊前往大陸偵察殉難的趙連生、張玉杰等兩位陸軍特戰傘兵的英靈入祀圓山忠烈祠，因執行任務殉難的148位「黑蝙蝠」與10位「黑貓」烈士，終於全部入祀忠烈祠（詳情請參見心戰空投：紙炸彈一章），造成另一種悲壯的相遇。

隊徽與紀念品

―串起友誼的索鍊―

　　黑蝙蝠中隊屬於特種作戰的機密部隊，從1955年8月16日起算，嚴格執行三不政策：不說、不問、不聽（或不帶雜物出任務），特別在飛進大陸電子偵測期間更是「保密防諜」。直到1964年6月11日，黑蝙蝠中隊駕駛P2V在山東被中共米格17擊落，14位隊員殉職，悲壯的結束黑蝙蝠中隊的大陸任務。此後黑蝙蝠中隊轉至越南執行「南星計畫」。

　　1958年黑蝙蝠隊徽的設計與出現造就了後來不可或缺的「紀念品元素」，設計者之一的李崇善上校回想當年設計背景與衣復恩將軍有關，衣將軍當時傳出有榮升的消息，隊員準備贈送他紀念相簿，希望相簿上有隊徽，才興起設計之念。於是以暗夜中的北斗七星加上黑蝙蝠為主體構圖，並且將北斗七星以三大四小排列代表34中隊。後來衣復恩將軍因故未有新職，隊徽按下未用，但相簿倒是做了，成為從未正式使用的隊徽。直到1963年的黑蝙蝠飛行圍巾與後來的南星計畫才開始使用新版隊徽。

紀念相簿上的早期隊徽
資料來源：岡山空軍博物館

各國空軍飛行單位有製作與使用「飛行圍巾」的傳統，我空軍亦不例外，例如空軍第八大隊曾製作「小犀牛飛行圍巾」，1963年時終於出現了黑蝙蝠中隊的第一代飛行圍巾，以降落傘的材料製作，上有初次出現的隊徽元素，可惜北斗七星排列有誤，一方面七星一樣大小，另一方面，七星成五二排列，成為「52中隊」。

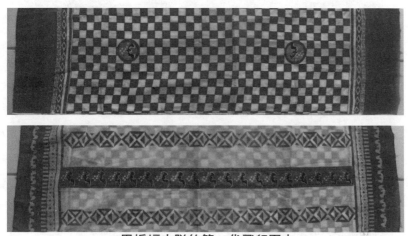

黑蝙蝠中隊的第一代飛行圍巾

此項傳統流行至此，連今常見的Snoopy公仔也有飛行員造型，搭配紅色的飛行圍巾。

1964年第九屆隊慶時，蔣經國先生前來參加，並致贈一塊大理石紀念牌。1956年至1964年間，他實際負責國軍退除役官兵輔導委員會，也就是榮民事務，包括橫貫公路興建、榮民醫院、農場與大理石工廠等，因此致贈大理石紀念牌有脈絡可尋，蔣先生在1964年3月出任國防部長，7月辭去退輔會主委。參加隊慶時，他已擔任國防部長。

Snoopy 飛行員造型與圍巾

1964 年隊慶大理石紀念牌
資料來源：黑蝙蝠紀念館

　　南星計畫之後才陸續出現各種紀念品，該計畫爲越戰「聘僱」性質，美方人員調動頻繁，因此常需要有紀念品作爲調離之禮物，例如1966 年 8 月 16 日慶祝黑蝙蝠中隊 11 週年隊慶時，製作一批玻璃紀念牌，不但中英對照，而且第一次使用完整的隊徽，可惜仍然 52 排列。該紀念牌另印上黑蝙蝠中隊所使用的三架飛機，右邊爲 P2V、中間爲P3A、左邊爲南星計畫使用的 C123。

　　黑蝙蝠中隊曾先後製作過幾批玻璃杯，除了自用外，也作爲送給來賓的紀念品。

黑蝙蝠中隊 11 周年隊慶玻璃紀念牌

黑蝙蝠玻璃杯

當年在新竹基地，美方人員定期輪調，電子工廠亦然，人員調返
美國時，皆由當時的李崇善電子教官致贈錦旗以為紀念。以下為1966
年之照片，接受錦旗者為新竹基地美方電子主管Hagerling上校，錦旗
上即以「海克林」稱呼，饒富趣味。主題為「友誼永固」，落款為「中
國空軍34中隊全體同仁敬贈」。

1966 年李上校致贈黑蝙蝠錦旗

1967年農曆新年時陸戰隊海克林上校（Sidney W. Hagerling）與夫
人露絲（Ruth E. Hagerling）受調返回美國前，在台北市與李崇善夫婦
相見歡，並贈送一組銅盤與銅杯，銅盤中有落款，成為美方人員回贈
難得一見的紀念品。當年延平北路、中山北路與博愛路共稱為「台北
三大銀樓街」，較精緻的紀念品都在銀樓製作，照片中的銀盤、銀杯
與一些紀念盤等，大部分是由延平北路的榮安銀樓所製作。

同期間，隊上委任基地的木工與油漆工製作10套飛機模型，包
括任務常用的P2V、C123與B17。由於基地的木工與油漆工大多是美
方由商船上找來，技術絕佳，因此以此套飛機模型來贈送調回美國的
夥伴，很受歡迎。

何格林上校回贈之銅杯　　　　　　何格林上校回贈之銅盤

飛機模型的的紀念品

　　1969年8月16日慶祝黑蝙蝠中隊14週年隊慶時，美方製作了一批鑰匙圈，一面爲隊徽，另一面爲英文說明，我方則製作打火機爲紀念品。

　　1959年，34中隊爲了測試共軍攔截能力，在5月29日夜裡同時派出兩架B17進入華南領空活動。815號機（新竹一號）先行出發，835號機（新竹二號）於兩個小時後跟進。815號機（新竹一號）完成任務後於返航途中，遭敵機截擊，不幸中彈起火，致墜落廣東省恩平縣境而壯烈殉國。815號機14位烈士忠骸經過家屬多年探尋，特別是軍事作家劉文孝先生1992年於《聯合報》「繽紛版」的連續報導，再配合傅定昌烈士女兒傅依萍記者的合作，終在1992年12月14日，自大

陸廣東省恩平縣金雞山墜機埋屍現場挖出火化後迎返國門，並於12月16日在碧潭舉行安厝儀式，1993年3月29日安葬。

當年迎靈事件曾引起社會關注，策展公司特於1993年在台北、新竹與台中舉辦黑蝙蝠中隊相關展覽，也邀請協助迎靈的軍事作家劉文孝參展。台北展規模較大，甚至展出兩個內有現場挖出之泥土與遺物的玻璃框，後來移往新店空軍公墓的靈骨塔內供奉。接著在新竹活動中心體育館（後來之新竹社教館）舉辦展覽，當時會場最引人注目的是由趙欽隊長提供的一張巨幅之黑蝙蝠中隊人、機合照，此照片也成為會場上銷售黑蝙蝠紀念品的主要內容，這也是初次黑蝙蝠紀念品產生商業價值。當年李崇善上校的公子曾先前往參觀，並購得下圖黑蝙蝠紀念牌，間接促成了劉文孝先生與李崇善上校的見面。

隊慶鑰匙圈（正面）

隊慶鑰匙圈（背面）

黑蝙蝠打火機

1993 年黑蝙蝠紀念牌

黑蝙蝠中隊於1964年轉至越南執行「南星計畫」，美方相對單位為空軍6003特遣隊第十分隊，新竹基地美方電子主管Hagerling上校於1967年初調回美國後，曾於4月25日寫了謝函給李崇善上校，信頭即標明美方單位。

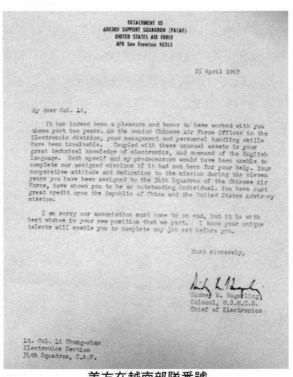

美方在越南部隊番號

在南星計畫期間，中美共同製作紀念牌，除了具名美方在越南部隊番號外，還包括國徽與黑蝙蝠中隊隊徽與一架任務主力C123飛機。因此傅廣琪裝載長在參加南星計畫之後獲贈一紀念牌。

南星三號計畫期間，老美來來去去，因此另外也作了一批紀念牌，落款還是34中隊，贈送給調回美國的美方人員。留下7、8張紀念照，也因此連結到1999年的兩方黑蝙蝠大團圓，當時有一位美方

黑蝙蝠隊員之女兒從網路上得知此活動，以電子郵件傳來一張照片，照片中的場景為其父拿了一個如下落款為34中隊的黑蝙蝠紀念牌，她希望讓父親「精神參加」本活動，因為其父在離台調往越南後戰死。

中美合作紀念牌

呂隊長致贈紀念牌

1972年結束在越南的南星計畫，黑蝙蝠中隊撤回新竹基地，任務使用之4架C123K運輸機轉送我方，同年11月1日改成特戰組，執行金門外島運補任務，34中隊番號暫停使用，隊徽使用原先的版，但改成特戰組，因此由前後兩張照片可發現，紀念牌長得一樣，但落款改變了。1974年特戰組重新啟用34中隊番號，1979年成為34反潛中隊，1999年由空軍移編海軍航指部飛行一大隊，不過黑蝙蝠繼續使用。

特戰組紀念牌（1972年）

　　1999年10月6日，在黑蝙蝠中隊服務過的雙方人員於圓山飯店重逢，場面溫馨感人。Homen少校爲美方的電子工程師，常奉派由東京到新竹幫忙偵測飛機P2V的裝置設計，因此被稱爲「黑蝙蝠之友」。爲了重逢，Homen少校特別設計logo，並在美國製作一批紀念服，帶來送給與會者。

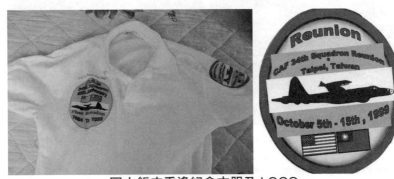

圓山飯店重逢紀念衣服及 LOGO

　　在圓山飯店的重逢合照中，已有部分與會者穿上Homen少校送的衣服，照片中前排中央著藍色西裝者爲「黑蝙蝠推手」衣復恩將軍，第二排左邊第一位著紀念衣服者則爲Homen少校，遺憾先後過世，令人懷念。當時空軍總司令陳肇敏將軍亦致贈「友誼長存」之重逢紀念牌。

空軍總司令贈送之重逢紀念牌（1999 年）

圓山飯店重逢紀念照（1999年）

　　34中隊的大陸偵測與越戰運補任務結束後，部隊番號並未消失，反倒加上100，並由空軍移為海軍，成為134中隊：駐屏東的海軍「反潛機中隊」，黑蝙蝠的logo也繼續使用。2005年8月逢34中隊成立50週年時，委託瑞士Fortis錶廠製作50週年紀念表200只，附有編號。錶面上9點鐘位置有黑蝙蝠中隊隊徽，6點鐘位置刻印"Black Bat Squadron"及"50th Anniversary"字樣；錶背並鑴刻"Black Bat Limited Edition"及獨立限量序號。產品資料：Valjoux 7750自動上鏈機芯、中央計時秒針，30分鐘計分圈，12小時計時圈、日期/星期顯示、藍寶石水晶玻璃鏡面，雙面防眩處理、不鏽鋼材質錶殼、鍊帶。李崇善上校擁有的是編號67之黑蝙蝠紀念錶。

Fortis多年來受到世界許多重要飛行單位的青睞,被指定為標準配備之一;其中為各單位精心設計、量身訂作而成的紀念版本之Fortis專業飛行員系列計時腕錶,更是廣受好評;如美國「永久自由行動任務小組」(Operation Enduring Freedom)、「獵鷹」(Falcoes)、德國「西法利亞72」(72 Westfalen)等等。

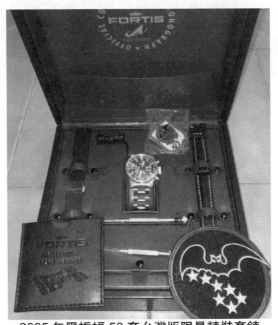

2005 年黑蝙蝠 50 套台灣版限量精裝套錶

2005年的黑蝙蝠紀念錶活動還推出50套台灣版限量精裝套錶,包括:一條皮革錶帶、一條橡膠錶帶、附有兩件拆換錶帶工具之零件匣以及限量證書。

每年8月16日為黑蝙蝠中隊隊慶,隊員們會聚會敘舊,地點包括空軍活動中心、國軍英雄館、海霸王等。2007年52週年慶,總幹事黃文祿將軍製作黑蝙蝠帽子與圍巾,成為新一代最夯的紀念品。

2010年8月17日舉行第55屆隊慶,第一次在黑蝙蝠紀念館舉辦,

當天出現了兩項紀念品，黑蝙蝠咖啡玻璃杯組與紀念筆，分別由新竹市文化局與私人製贈。

2007 年隊慶帽子

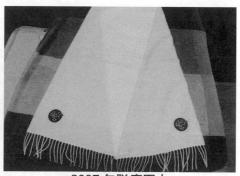

2007 年隊慶圍巾

2010 年隊慶合照

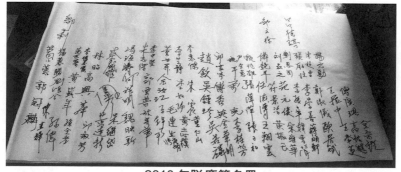

2010 年隊慶簽名冊

2010 年版黑蝙蝠咖啡玻璃杯組與紀念筆

中篇

生活・休閒・搞外交

黑蝙蝠的日常生活

—不吃大鍋飯的日子—

　　黑蝙蝠中隊的基地在新竹，除了出任務與公務活動於機場與東大路的新房子外，他們在新竹的生活（例如食衣住行育樂）又是如何？很引人好奇。

　　黑蝙蝠中隊由於任務特殊，因此特准可以回家吃飯，不需吃「大鍋飯」，平常買菜在東門市場，遇家人生日，常會到中正路上的維納斯西點麵包店買蛋糕。老美平常的伙食與週末我方隊員眷屬的用餐多在新房子解決。上小吃店用餐的記憶較少，Hagerling上校與李崇善上校曾光顧一間齊魯小吃店，因為該小吃店會作雞絲拉皮，這道菜是Hagerling擔任少尉駐守山海關時的最愛。

　　空軍向來有跳舞的文化，到台灣來也不例外，各地的空軍俱樂部素有此傳統。例如台北空軍新生社、台南水交社、嘉義白川町、屏東黃鶯俱樂部等，新竹就稱為空軍俱樂部（原址後來改建為空軍813醫院）。因參加舞會而認識另一半的故事更是空軍俱樂部創造的美好回憶，照片李上校中穿著空軍制服參加舞會。

1956年新竹空軍俱樂部舞會
左對：李崇善電子官與夫人
右對：呂鴻俊電子官與夫人
中對：姚邦熹照像士官

當然黑蝙蝠中隊在新房子的活動中亦常有舞會。台北的空軍新生
社有個虎賁廳，除了作爲照相背景外，也設有餐廳，餐桌鋪上紅桌巾，
氣氛非常棒，1956年李上校曾有機會與夫人前往用餐，留下非常深刻
的印象。

新房子的舞會

空軍俱樂部除常作舞會場地外，也是軍眷觀賞文康戲劇表演的場
所，例如照片中1958年元旦由竹風平劇社演出的「黃鶴樓」以及元宵
節猜謎晚會上的相聲表演。特別是金安一將軍，因爲其非常支持國劇，
所以在他擔任基地第二聯隊長時常安排表演。

新竹空軍俱樂部的國劇表演
資料來源：呂長治先生；新竹市文化局

　　黑蝙蝠中隊完成人生大事都在中正路上，因為當時所有婚宴場所都集中於此路，包括月宮酒家（A：現麥當勞）、大東（G）、新陶芳（C：現彰化銀行）、金龍飯店（D：現北區電腦）、愛樂夢酒家（E：現新竹牧場）。

相關位置示意圖
資料來源：Google Earth

　　李崇善上校回想自己在月宮酒家舉行婚禮，，當年他借了120元，到台北的南陽百貨買了愛鳳牌床單與新的竹子床。並曾擔任多次婚禮總務，至今仍可細數部分同袍完成人生大事的場所：

月宮酒家：葉震寰電子官
大東：陳運龍通信官
新陶芳：陳光宇領航官、張疆電子官、金祖望電子官、趙桐生電子官
金龍飯店：傅廣琪裝載長
愛樂夢酒家：「特種任務」場地

　　黑蝙蝠中隊隊員結婚，一般都由隊長擔任證婚人，例如參與越南

「南星三號」任務的傅廣琪裝載長，於金龍飯店舉行婚禮時由呂德琪
隊長福證。葉震寰電子官結婚時，不但邀請衣將軍證婚，同時也邀請
了老美參加。衣將軍也爲陳光宇領航官在新陶芳舉行的婚禮福證。當
時結婚禮車都是用租的，只有一次意外的使用了隊上的雪佛蘭公務轎
車，當時殷延珊隊長因手受傷，

　　派車赴醫院醫治，途中知道趙桐生結婚，因此讓公務轎車先送新郎
去接新娘，雖然「公車婚用」，卻是佳話一件。李上校回憶愛樂夢酒家
真的是酒家，有幾次「奉命」與美方人員在此交流，果真是「特種任務」。

李崇善在月宮酒家舉行婚禮

傅廣琪裝載長婚禮，呂隊長福證

李崇善電子官婚禮喜帖

　　黑蝙蝠中隊的正式活動常有空軍長官與美籍人士參加，亦非常重視夫人的參與，因此穿旗袍成爲一種禮儀，而東前街上的永光行是不二選擇，甚至連美籍人士夫人們也前往訂作。當時訂作的工錢爲 120 元。下圖爲 1964 年第九屆隊慶，徐乃錦女士穿著旗袍切隊慶蛋糕。

徐乃錦女士的旗袍裝扮

穿旗袍的黑蝙蝠夫人們

　　夫人們參加活動前洗頭整髮的地點選擇中正路的白玫瑰美髮店（示意圖之B）。取名白玫瑰有空軍八大隊脈絡，空軍八大隊駐防上海大校場基地時，基地內就有白玫瑰理髮廳，兼營男女理髮，後來理髮師隨著空軍八大隊撤退來新竹，繼續以原店名開業。

　　至於男士的服裝除了西裝一百零一套之外，當年軍裝在工作與外出仍然是主角。黑蝙蝠中隊的空軍制服大都由在苗栗的「聯勤第四被服廠」所製作，後來改名聯勤303廠。其前身為「空軍被服工廠」，1942成立於四川成都，1952年改隸聯勤，1956年由台中清水鎮遷至苗栗市，1972年更名「第四經理生產工廠」，1976年再易名「第303廠」，於1990年6月裁撤。其員工宿舍取名為「袍澤新村」及「明駝新村」，免費分配員工住宿。另外有聯勤302廠，在1949年隨軍由青島遷移小港，其員工眷屬宿舍取名「青島村」。

第四被服廠縫紉大樓落成典禮
（司令台布置）

田叔玉小姐（右）與姊弟合影
田叔玉提供

　　值得一提的是，當年軍中有「聯勤舞龍，防砲舞獅」的傳統，汐止的聯勤兵工廠的舞龍常常出現於重要場合表演。苗栗的聯勤第四被服廠也不例外，每逢元宵節在社區與苗栗市街上，組成舞龍團隊表演。與在苗栗客家所發展出來的傳統元宵客家炸龍活動，有相輔相成之效果。炸龍活動為台灣文化節慶「北天燈、中火旁龍、南蜂炮、東玄壇」

之一，其中「火旁龍」即苗栗炸龍。

聯勤被服廠的舞龍
田叔玉提供

　　中隊除配有我方制服，當年出國受訓時，加發藍色毛大衣，搭配軍服穿起來非常帥氣。黑蝙蝠中隊執行在越南的南星計畫時，美軍提供了工作服、手套與背包，衣服是美國尺寸，因此我方人員拿到的常常是X-small號。越南工手套的標籤顯示製造商為Steinberg Bros. Inc.，該公司位於美國紐約，自1932年開廠，長年成為美國國防部的軍備品契約廠商。

軍服之被服廠標識

出國受訓毛大衣

越南工作服

越南工作手套

越南工作手套製造資訊

　　當年的穿著由以下照片可以看出，多半是西裝、便服與軍裝。當時西裝流行鐵灰色，在新竹，一般到三和西服店，如要進口料子，得在台北西門町西服店訂做。一套1200元，約為軍餉兩個月。

難得一見的軍服、西服、便裝與童裝合照

　　當時新竹東門城前有一廣場，是許多市民休閒活動的重要場所，到了晚上，各種攤販聚集，尤其夏天時，騎著自行車載著冰棒箱，手裡搖著鈴的小販最多，他們賣的就是有「空軍脈絡」的814冰棒。

1950年代的新竹東城門

　　黑蝙蝠中隊有灰色大巴士接送，市中心這一站就在東門城，如上圖所示，當時主要的交通工具都出現了，包括軍車、自行車、新竹客運及三輪車，不過走路的行人最多，其中三輪車在1967年走入歷史。1966年6月，黑蝙蝠中隊派員赴美接受「大鵬計畫」訓練，結訓返

台途中在舊金山停留，受到Johnson少校一家熱情接待。同年12月，Johnson少校夫婦來訪，與三輪車及小學生攝於新竹師專附小前。

Johnson 少校夫婦與三輪車

當時有自行車就是不錯的交通工具，上班休閒兩相宜，李上校猶記那時軍方由第三地進口一批二手自行車，由本來生產戰鬥機的日本三菱重工，戰敗後利用鋁材製成，「大材小用」，比起當時台製「自來水管」自行車果真好騎很多，工業基礎登時比出高下。當年呂隊長的宿舍在新竹師專附小附近，出任務時，也是一早騎自行車前往基地，遇颱風下雨，也如同飛機遇到亂流般，留下深刻印象。

當年私人汽車不多，美軍雖然留下不少美製汽車，但大多為內部流通，少部分外流，例如新竹的中美車行買賣二手美製汽車，但因汽油來源與維修等問題，私人購買美製汽車者不多，反而購買淘汰二手計程車者眾。黑蝙蝠中隊第一位購買私人汽車者為汪國動，他在台北購得一部裕隆的二手計程車，風光上路，卻在一次駕駛時，在新豐鄉跨鐵路路橋上不慎車禍身亡。李上校後來也透過西方公司司機們的介紹，買了一輛二手計程車。

李上校與二手自用車

1960 年代排班在圓山動物園的計程車
資料來源：當年美軍所照

　　軍人早期配給香煙，每人每月5包。品牌上陸軍、海軍及憲兵是
先「九三」再「國光」，空軍有自己的新竹菸廠，生產「814」牌香煙。
不抽煙的可拿配給煙票到福利社加錢換購「長壽」牌香煙，到外面送
人或轉賣。後來所有香煙生產回歸公賣局，最後取消軍人配給香煙。

空軍 814 香菸
台灣原仔 http://www.taiwan-kids.why3s.net/allpage.htm

「814」牌香煙取名來自「814」是空軍節，所以新竹空軍菸廠俗稱「814」菸廠。1962年起，空軍菸廠附設福利社開始製造的冰棒，冰棒也就順勢稱為「814」冰棒了。當時的冰棒與傳統的「清冰冰棒」比起來（二毛錢），用料好，口味佳，一支售價高達五毛錢，可說是高級冰棒。據菸廠員工蘇添進先生說：1969年菸廠裁撤，合作社也隨之關門，很多離職員工就開起冰店，全盛時期據稱有8家冰店製售「814」冰棒，麗香冰店就是其中一家。另外，光復路上另有一家萬記「814」冰棒，由陳哲潛先生開設，取名「萬記」的意思是：大家千萬要記得或千萬不要忘記。

「814」冰棒是用百分之百的開水，百分之百的糖（不用糖精），及美援的奶粉，共有紅豆、綠豆、花生、鳳梨四種口味，現在則加上芋頭、酸梅等10種口味。在當時用腳踏車將做好的「814」冰棒載出去賣的情形就很普遍，一個人只賣一個小時就能賣到六百支，而且「814」冰棒是24小時全天候生產，50年代初期，一天最高生產紀錄生產五萬支冰棒。還有很多零售商排長龍等著批發幾百支。

當年隊員們皆在青壯期，身體健康，如遇病痛則前往空軍醫院，太太們如遇生產，多前往省立醫院（現在為西大路上的大遠百）。

與其他單位比起來，當時基地內並無福利社，購物窗口是在新房

子,隊員們登記,由美方人員協助自台北PX購買,再以交通機運來。後來甚至擴大到海外美軍基地的PX。

戴樹清上校曾兩度為一樣編號的34中隊服務,1948-56年分發在第八大隊34中隊,擔任B-24轟炸機飛行官,先在上海大校場基地,1949年後撤守新竹。1956-61年才被甄選至黑蝙蝠的34中隊。因此戴上校在1949-61年主要工作地點為新竹基地。

遇有休假時,都是由交通車送到東門城附近,休假航程(range)以東門城為圓心,十五分鐘步行路程為半徑,幾乎所有電影院(國民、新新、新竹、樂民與新世界)、茶館(一心亭、涼涼、白光)、咖啡館(美乃斯)、照相館(新影、新竹、森川)、小吃(城隍廟小吃、平津食堂)。其中新復珍餅店就在城隍廟附近。其中茶館主要提供碗茶服務,外加瓜子、零食與音樂,負責倒茶的稱為:么師,冬天賣熱碗茶,夏天賣冰,茶資三元,對照電影半價的五元。

新復珍餅店創立於清光緒24年(西元1898年), 由第一代吳張換女士闖出名號,其招牌商品為「竹塹餅」,與貢丸、米粉並稱「新竹三寶」。

當年戴上校是位 二十來歲的年輕帥氣飛行官,連軍帽都習慣歪戴,曾與吳家二小姐有過「遙望之緣」,因為除了民風保守外,甚至連語言也不通,後來男娶女嫁,吳家二小姐也嫁至台南,先生是外省人。十五年後,吳家二小姐某次回娘家幫忙,有機會在店裏講上一次話,後來知道吳家二小姐遠赴日本,經商有成。淡淡地為戴上校留下了一段新竹回憶。

黑蝙蝠的休閒活動

——縱貫線上趴趴走——

　　提到黑蝙蝠中隊總令人聯想到「出生入死」，也就是任務有高風險與高壓力，必須有適當的休閒活動以紓解壓力，更可聯絡感情與凝聚向心力，因此團體旅遊及招待觀賞特別節目便是常見的方式，有時也算是一種獎賞。

新店碧潭

　　1956年全隊與眷屬到新店碧潭旅遊。碧潭吊橋建於1937年，為台灣獨一無二的吊橋（只有碧潭吊橋中間有安全島），還常是情侶殉情之所在。由照片中看來，當年可以游泳，還有新店渡的情況，依據《台北縣志》記載，新店溪沿岸的渡船運輸始於1881年，目前新店渡為新店溪流域裡僅存的人力擺渡渡口。過了吊橋，走路幾分鐘，就到達1952年設立的空軍公墓，不少黑蝙蝠之英靈長眠於此，特別是兩架在大陸殉國，分別在1992年與2001年移靈回國的黑蝙蝠隊員們。

1956年全隊眷屬到新店碧潭旅遊

烏來

　　1957年時，全隊邀眷屬一同去烏來旅遊，烏來地區為泰雅族九社的集合地，相傳烏來的泰雅語就是溫泉之意，日治時代屬台北州文山

郡，1928年（民國17年，日本大正17年）三井合名會社開闢烏來至信賢地區的台車輕便軌道（陳顏，《烏來台車時間旅行》，台北：行政院農委會林務局，2009），用以運送木材、雜貨與人員，日本人稱之為人力鐵道。

　　目前，烏來站至瀑布站1.6公里的輕便軌道已成觀光客必遊的行程，還包括台車博物館。照片中搭乘的就是在輕便軌道上的台車，李崇善一家人坐在最前面，右邊推台車者顯示了人力鐵道的特色。

1957 年遊烏來搭乘台車

新竹孔廟

　　1960年全隊由趙欽隊長領隊參訪新竹的孔廟，孔廟（文廟）原為淡水廳的儒學學宮，建於清嘉慶15年（1810年），原址在今日的成功里（原中興百貨到國際戲院之間），一度被充作日軍新竹守備隊兵舍，祀典被迫中止。日治時代，大成殿周圍廂房充作新竹公學校教室。於1958年遷移現址，部分建材沿用原拆遷下之石材及橫樑（文建會文資總管理處籌備處 http://www.hach.gov.tw/? siteId=101）。在歷史記載中，戰爭期間，文化資產如廟宇、城堡、教堂、學校等被徵用者繁不勝數，新竹孔廟亦不例外。黑蝙蝠中隊穿著軍便服出現在孔廟，來一次和平

的文武相遇：文廟遇到武將。當年孔廟遷到新址不到兩年，隊員們先在大成門前合照，大門只有在有祭祀時才打開，平常關著，門兩邊的龍柱突顯其神格，前面有一個半月池，接著再進入大成殿正門合照。

大成門前合照

大成殿正門合照

觀賞表演

1956年12月5日，美國白雪溜冰團在台北三軍球場首演，之後數度來台，都造成轟動。當年台北三軍球場是主要的休閒重鎮，在總統府前右側處，原為北一女操場，1951年3月25日起，國防部與校方簽訂借用契約，改建為三軍球場，以三年為一期，續租至政府遷回大陸為止，最後於1960年拆除。

除了主要的籃球賽事外（如「介壽盃」、「四國五強」、「自由盃」、「歸主戰中華」），許多國際級表演皆在此舉行，包括白雪溜冰團、美國NBC交響樂團、迪士尼冰上世界、哈林籃球隊、拳王喬路易、李惠堂的港華足球隊等的表演也非此地莫屬，其他如三萬人口琴大合奏、福音布道唱詩歌、國術比賽、劍道活動及放映反共影片等，使得台北三軍球場成為許多人共同的回憶。

重要軍事勝利行動也常利用三軍球場表揚一番，1956年7月21日，我空軍雷霆機隊和軍刀機隊擊落中共米格17型機4架、擊傷2架，6位空軍英雄歐陽漪棻、冷培澍、彭傳樑、霍戀新、蔡雲輝、梁國俊於7月22日下午飛往台北接受各界代表表揚。7月25日下午在台北分乘吉普車遊行市區，當天晚間8時在三軍球場舉行晚會，介紹6位英雄，立法院長張道藩代表各界致敬，軍友總社獻贈銀製老虎，接著影星歌星上前獻花，各界代表也紛紛贈與禮物。再如李崇善與歐陽漪棻當選的第七屆（1957年）克難英雄與政士，也在元旦晚上假三軍球場觀賞了白雪溜冰團的表演。1956年8月19日，響應宋美齡號召之捐建軍眷住宅運動，港台41位影歌星假三軍球場舉行盛大公演。

三軍球場在1960年拆除後，大型表演活動改在中華體育館舉行，「中華體育文化活動中心」在1963年3月，由愛國華僑林國長捐贈三千萬元新台幣建築經費，10月完成了有27級看台，可容納一萬兩千名觀眾的體育館，同年就作為第二屆亞洲男子籃球錦標賽的比賽場所。

　　1963年11月27日黑蝙蝠中隊一行人前往中華體育館觀賞日本矢野馬戲團的表演。矢野馬戲團於1960年5月首度來台灣巡迴表演，後來每年都來，獲台灣民眾熱烈的歡迎，有兩點理由，其一為擁有一群大型動物表演，其二是因為入場券每張10元的票價，十分便宜，一般民眾也消費得起。當時也常來表演的美國白雪溜冰團票價50元。該馬戲團於1962年來台表演時，其中一頭母獅生下了阿蘭，並將其贈給圓山動物園，阿蘭與大象林旺成為圓山動物園最受歡迎的對象。

日本矢野馬戲團名信片
資料來源：數位典藏與數位學習國家型科技計畫

青草湖＋靈隱寺

　　1965年呂德琪隊長帶隊到青草湖旅遊，到過靈隱寺。該寺建於1924年（大正13年），原名感化堂，因祭祀孔明，又稱孔明廟。1927年（昭和2年）先增建靈壽塔，鄉紳們倡議陸續捐資，於1932年（昭和7年）完成觀音殿主體，並改名靈隱寺。

　　主殿左側有靈壽塔，傳統七級八面浮屠，但多了巴洛克洋式花草。右側有靈寶塔，採類似風格，於1966年時增建。

　　下圖右邊爲隊員大合照，捨靈壽塔而就隨緣塔側邊，不知是否有特殊佛緣？隨緣爲大醒法師（1899-1952）晚年的號，法名機警的大醒法師爲江蘇省東台縣人，是太虛大師的嫡傳弟子之一，來台後，在台北善導寺任該寺導師。1950年多天，積勞成疾，患高血壓，移住新竹香山一善寺療養。1951年，他應新竹靈隱寺無上法師之邀，到該寺主辦臺灣佛教講習會並擔任導師，1952年圓寂後暫厝於隨緣塔中，後來移至福嚴寶塔（台大文學院佛學數位圖書館暨博物館http://buddhism.lib.ntu.edu.tw/BDLM/front.htm）。

靈壽塔
左：呂隊長、
右：林世元副組長

隨緣塔前合照（1965 年）
左一：劉守世中校安全官
左二：林世元副組長

個人活動

隊員們平常在住處附近活動筋骨,有了假期就可以安排較長程的旅遊。由李崇善上校的例子可見一斑。

早期因為交通較不方便,自行車就成為交通與短程旅遊的主要工具。1956年李崇善花上校100元向同事購買了兩輛中古自行車,骨幹由鋁管構成。有了自行車,李崇善夫婦在新竹的range(空軍稱為巡航距離)擴大了,可以騎車到處蹓躂,當年新竹公園即為市內的熱門景點。

在1910日治年代,新竹州廳配合總督府的市區改正政策,打算在新竹開闢十處公園,但因日本戰敗,最後只完成兩個公園:新竹公園與森林公園(十八尖山),後來森林公園一部分成為清華大學的校園。新竹州廳自1916年起開始開發新竹公園,面積13.19公頃,1920年即對外開放,當時只有一些簡單的設施。接著1921年改由官方出資、民間興建,並改名字為「新竹街公園」,1926年完成兒童遊樂園、體育場、麗池、游泳池、湖畔料亭等公共設施,成為先進的市民公園。1928年(昭和3年)新竹市民陳金水,由日本學習飛行技術返台,在體育場作駕機表演,不幸墜落附近農田。

1959年,改建公園原有的體育場,以舉辦台灣省運動會。運動會閉幕後,體育場居然成為台灣省體育專科學校分校。1957年,李崇善著軍裝與夫人騎自行車在新竹體育場合影,當時仍是未舉辦省運會前的原版體育場。後來新竹公園陸續加入孔廟(1958年)、空軍工兵總隊部(1950年)、廣播電台、氣象台、眷村(空軍11村)、小型可愛動物園(1935年)、新竹自治會館(1935年)等設施而失去本來的完整性。1960年,旅日華僑何國華捐贈大象、獅虎、豺豹、白鶴、駱駝、斑馬等動物,將原有可愛動物園擴為大型動物園,成為全台僅次於台北市(圓山)之動物園,當年的大象由日本購得,會聽日語命令而表演,因此動物園也是熱門景點。

新竹體育場

新竹公園麗池

　　青草湖水庫建於於1956年，當時的青草湖的山光水色，面積達30平方公里，曾被列爲竹塹八大名勝，划船是當時許多人的共同回憶，右上照片爲1957年時，李崇善夫婦帶著女兒在青草湖划船。後因水庫淤積，喪失蓄水功能，遊客逐漸流失。新竹市政府從2002年啓動青草湖水庫重生計畫。壩頂有座鳳凰橋，另端有座環湖橋，曾於1963年的台灣電影「難忘的鳳凰橋」中成爲主要背景，曾創下連續播映102場的紀錄，票房與梁祝有拼，在電影上映後，鳳凰橋更成爲許多情侶們談情說愛與定情地。

鳳凰橋上的電影解說牌

　　1958年李崇善夫婦一家人與兩位通校同學前往苗栗大湖法雲寺旅遊，在新竹火車站前合影。依據《新竹縣志》記載，1893年清朝時期，縱貫鐵路臺北至新竹段鐵路通車，第一代新竹車站及新竹火車票房現身，位在後來的新竹公園，約在今公園路和東大路口的「麗池公園」與「新竹玻璃工藝博物館」處。1908年，第二代的新竹車站「新竹停車場」出現，再依日治時期第一次市區改正計畫後期（1910-15）所建設的公共設施之一，前述公園之規劃興建也在同一範疇。第三代的新竹車站於1913年落成，「新竹驛」由日人松崎萬長設計，建築由新文藝復興時期的建築結合古典希臘系統的結構，並且承襲德國中世紀哥德式樣之紅磚與石材相間的造型，歷經一世紀，對整個新竹州民（桃竹苗四縣市）而言，新竹火車站已成為大家共同的記憶，1998年由內政部列為二級古蹟。

李崇善一家在新竹車站前與通校同學合影
左一：楊嘉章先生（航管中隊）
右一：張長生先生（第十一大隊）

　　新竹火車站除了是台灣現存最古老的火車大站之外，也號稱是全台唯一沒有招牌的火車站，但是由照片中卻看到當年是有「新竹車站」較古典招牌的，下圖則顯示了第二代招牌及1960年代後的現況。

新竹車站第二代招牌　　**新竹車站第三代，可見已無招牌**
1957/10 Roy E. Rayle 中校所攝

　　李崇善夫婦一行從新竹車站搭火車南下苗栗，再轉巴士到大湖，目的地爲法雲寺。法雲寺爲台灣佛教四大法脈之一，他們是北部月眉山，台北觀音山，中部法雲寺與南部大崗山。法雲寺建於1912年，其寺前有兩水交會，前方爲虎頭山，寺廟就建在山峰頂上，左右及後方有峰巒環繞，有如蓮花一般，另又因山頭左右各有小峰拱衛，好像金童玉女在兩旁，故又稱爲觀音山。

　　法雲寺因1935年的關刀山地震毀壞，新建的法雲寺於1951年落成。大雄寶殿供奉高約9尺的白玉菩薩一尊，是新加坡的弘宗法師號召東南亞華僑所捐贈的，在緬甸雕刻而成，於1954年10月24日開光，爲全台唯一的白玉釋迦牟尼佛像。

法雲寺舊貌

　　按軍方規定，黑蝙蝠中隊隊員每位每年有10天休假。1961年1月，李崇善有了一次全家休假的機會，拿到了差假證，出發休閒去了。

他們由新竹搭C119運輸機飛到屏東，屏東有台灣最早的機場（1920年開設屏北飛行場），1927年日本陸軍飛行第八聯隊陸軍航空隊正式進駐屏北飛行基地，光復後的1950年代，國軍的空軍第六聯隊進駐，因此自日治時期開始，各式官舍與眷村陸續出現。李上校全家由屏東出發，往北沿途拜訪同學，住宿於同學在眷村的家，有時也由同學導覽參觀。

空軍通校12期同學相見，分外親切。因此同學們爭著邀請住宿與聚餐。兩個晚上分別寄宿於單秉祥與齊天勛同學家中，該眷村名為礦協新村，由婦聯會募款所蓋。婦聯會（中華婦女反共抗俄聯合總會）是蔣宋美齡夫人於1950年4月17日創立（http://www. taiwanfilm.org.tw/wmv/cca200101-nw-TFN0024-03.wmv），成立一週年時，其所屬分支會數量，擴張至48個分會，137支會，67工作隊，6個中等以上學校直屬工作隊。其中軍事單位占了三分之一，空軍分會由周至柔總司令夫人王青蓮擔任主委（洪國智，2003）。

1956年開始發動民間捐款興建軍眷住宅，設立臺灣銀行國軍眷屬住宅捐款5901號專戶，半年共募得捐款六千萬元，興建眷宅4000棟。分佈在全台11個縣市。而至1967年的十年間，平房式的軍眷住宅共興建了十期，總計38100棟。如下圖所示，首批眷村在屏東為礦協新村（空軍200戶），在新竹則為赤土崎地區的公學新村（陸軍400戶）。基本上，眷舍分為三種規格，甲種二房一廳，乙種一房一廳，丙種只有一廳，俗稱一條通，廁所在外面。

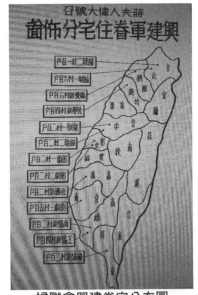

婦聯會興建眷宅分布圖

　　1957年4月17日婦聯會成立七週年時宣告竣工落成，再捐贈國防部安置，當時部分眷村以捐款單位之屬性命名，例如1957年由菲律賓華僑捐建的命名「僑愛新村」（桃園縣大溪鎮），企業捐建則以貿商、貿易、台貿、銀聯、礦協（礦業協會）、工協（工業協會）、商協（商業協會）等命名，演藝界捐建則以影劇命名之。另外如當時碧濤女子籃球隊藉由訪問菲律賓的機會，對菲律賓僑界以「響應蔣夫人捐建住宅運動」為訴求，進行籃球義賽募款。

　　由於礦協新村以安置空軍軍眷為主，因此拜訪同學串門子都在村內，於是李崇善拜訪了所有空軍通校的同學，包括黎開禹、薛維恩、鄭重友、姚長慶等同學。其中鄭重友同學在退役後好學不倦，70歲時讀完空中大學。當時李崇善已有一架日製Yashica牌相機，因此為同學們留下了以下的珍貴影像。

屏東礦協新村
資料來源：屏東空小校友 Blog

姚長慶夫人與小孩

通校同學姚長慶與小孩

鄭重友夫人與小孩

齊天勛夫人與小孩

　　拜訪完通校同學後，李崇善全家搭火車北上高雄，在高雄車站照了一張全家福。縱貫線鐵路台南－打狗段於1900年通車後，先設立打狗停車場，1933年動工興建新車站，1941年6月22日高雄車站正式啓用。（2002年3月28日配合三鐵共構工程，火車站向東南移動82.6公尺保存，成為「高雄願景館」。）李崇善一家人雇了輛三輪車逛高雄，南部天氣比北部溫暖，三輪車夫穿著汗衫，照片中的李崇善千金仍穿著小棉襖，直呼熱。愛河當然是必遊景點，包括高雄市政府，該建築建於昭和13年（1938），作爲日治時代的「高雄市役所」，光復後改爲「高雄市政府」。（新市府在1992年完工搬遷後，舊市府建築規劃成為「高雄市立歷史博物館」。此外舊市府也是二二八事件重要現場。）

　　另一張爲李夫人獨照於愛河邊，已經是短袖打扮，後面背景爲陸

軍服務社，日治時期是憲兵隊，光復後成為陸軍服務社，供軍事單位人員出差住宿，當年高雄也有美軍顧問團，因此陸軍服務社與美軍俱樂部都有樂團演出，例如美聲樂團就在陸軍服務社駐唱演出。

高雄火車站前的全家福

李夫人在愛河邊留影

陸軍服務社名片
資料來源：魏幼偉先生

　　愛河原名「打狗川」，日治時期1920年將打狗更名為高雄，1924年升格為高雄市，愛河改稱為「高雄川」。自1908年基隆到高雄的火

車全線通車後，日本政府開始展開三期的築港計畫，所以當地人也稱愛河爲「高雄運河」。光復後政府將運河兩岸闢爲河畔公園，經營划船所，名爲「愛河游船所」，當時如有情人跳河殉情，新聞記者常以「愛河殉情記」報導，於是就成爲了愛河。

　　愛河行之後李上校一家人北上岡山，寄宿於通校同學高保恆家，其夫人朱櫻爲鳳鳴廣播電台兒童節目主持人。鳳鳴廣播電台是由袁鳳舉先生在1934年於上海成立之「鳳鳴播音社」的前身，1949年因國、共戰爭危急，袁鳳舉先生把廣播器材拆遷隨國民政府來台，先在台北設立「民本電台」，成爲台灣第一家的民營電台。1950年再把鳳鳴電台遷至高雄復業。在1962年無線電視台出現之前，該電台在南部擁有許多聽眾，包括眷村聽眾群。朱櫻夫人因此講了「大野狼與小白兔」的故事給李崇善一對子女聽，讓他們印象深刻。後來高保恆曾到美國空軍官校擔任中文教官兩年，回國後調後勤管制中心擔任簡報科上校科長，退役後移民美國。

　　到了台南，由同學史雲翰導遊，參觀赤崁樓與台南商展。赤崁樓前身爲1653年荷治時期興建之歐式建築普羅民遮城（Provintia），曾爲全島統治中心，1661年4月，鄭成功越渡台江內海，首先攻下普城，改普羅民遮城爲東都明京，承天府衙門，設一府二縣。1664年廢東都，改稱東寧。承天府裁廢後便成爲儲藏火藥的場所。稍後漢人在原址之上興建中式祠廟，戰後1960年又由大南門城內遷來九座贔屭碑，終成今日樣貌。今日所稱赤崁樓其實是普羅民遮城殘蹟以及海神廟、文昌閣的混合體，1985年列爲一級古蹟。李崇善當年參觀赤崁樓時，九座贔屭碑剛遷來不滿一年。該碑群本有十座，清乾隆皇帝爲了表彰福康安平定林爽文事件，特賜十塊以金門「麻糬石」雕刻而成的龜趺御碑。每塊碑高3.1公尺，寬1.4公尺，漢文滿文並列。不料運抵台南府時，其中一座龜趺落入海中，直到一百多年後，才又被人發現，供奉在保安宮內。其餘九座則在赤崁樓中保存（維基百科）。

李上校全家福攝於台南赤崁樓

　　由台南前往嘉義的火車上，李崇善一家人巧遇通校同學劉法餘，還促成了在嘉義的同學會聚餐，地點為嘉義市中心噴水池附近之明故宮餐廳，選擇該餐廳有空軍的歷史典故。嘉義機場為是南京移防之第十大隊基地，當年駐防南京之機場名為明故宮機場（第一與第二大隊亦曾駐防），即為設在明故宮（南京故宮）遺址區的機場。南京還有另一處軍用機場名為大校場，第四大隊（高志航為大隊長；賴名湯曾為22中隊長，司徒福曾為副大隊長）與第五大隊駐防於此。

　　晚上寄宿於陳瑞宗家，次晨在烏銓家用早餐，烏銓之兄為曾任空軍總司令的烏鉞將軍（1915-2008），1961年曾到寮國以華航人機執行民航與特種任務「北辰計畫」。烏銓夫人為南投竹山人，此種外省籍與本省籍聯姻在當時是反對的居多，最後勞動烏鉞穿著軍服赴女方家提親掛保證，才使「有情人終成眷屬」。烏夫人台北護專畢業，那天早餐蒸了一手好吃的年糕，讓李家大快朵頤。隔天晚上搭夜車（火車）回新竹，兩個小孩子沒有位子坐，還睡在走道上，大約早上5時到達，

結束了這趟西線的休假。

　　除了這趟縱貫路上的長途旅行，其他時間，李崇善也藉著參加同學婚禮，趁機休閒一下。1956年李崇善全家赴台中參加通校同學周致盛之結婚喜宴，順便到台中公園旅遊。

　　台中公園，又稱「中山公園」，都出自於日據初期總督府的市區

台中公園合照
左一為何國鏡同學

改正政策的大型公園計畫，同期有台北公園與新竹公園等。台中公園面積大於台北公園，啓用於1903年，初名「中之島公園」，公園內有「日月湖」，遊客可以划船遊湖，湖中有「湖心亭」。其他景點包括晚清時期的吳鸞旂公館更樓與大北門的城樓（明遠樓）、日治時期的台中神社（1942年拆除）、砲台山與台中放送局等。照片之背景即為日月湖與湖心亭，該亭建於1908年（明治41年），為了慶祝縱貫鐵路全線通車而建。當時邀請了日本皇室載仁親王來台主持通車典禮，會場就是台中公園。湖心亭初稱「湖亭」，又名「弘園閣」、「香閣」、「望月亭」、「雙閣亭」，1999年被列為台中市的市定古蹟。

　　此外，各軍種在台灣各地皆設招待所與國軍英雄館，供官兵出差

或休假之用，最有名的當然是台北市的空軍新生社。陽明山上也設有能泡溫泉的空軍招待所。有一說是空軍出完一定次數的飛行任務後，除了受到的特別獎勵勳章外，另有3天的假期到陽明山的空軍招待所泡湯，並由公家供應伙食。李崇善上校在1955年也獲得此種特別獎勵，享受了泡溫泉的樂趣。由於這項體驗，讓李上校在隔年2月自費帶著家人與岳祖母上陽明山的空軍招待所泡溫泉、賞花與用餐，讓岳祖母滿心歡喜。

陽明山的空軍招待所泡溫泉
右一友人岳廣淮、右二岳祖母、懷中小孩為千金嬿玲

不過空軍招待所也有另類用途，話說我方空軍於1954年2月19日從新竹基地駕B-25轟炸機向中共投誠時，有一位方本成飛行員（空官27期），不願跟隨而自行跳傘逃生。在樹林鎮被救回後曾經被安置在陽明山空軍招待所接受訊問達兩個月。

横貫公路首發團

——黑蝙蝠的一項特殊活動——

　　橫貫公路（後稱中部橫貫公路，簡稱中橫）於1956年7月7日開工，在谷關與太魯閣兩端同時開始動工，1960年4月6日使用金馬號全線試車，1960年5月9日正式通車。中橫之興建工程由台灣省公路局所屬之「橫貫公路工程總處」總其責，當時參與工程建設的以退除役官兵就業輔導委員會的榮民工程第一與第四總隊為主，並且包括陸軍步兵、軍事監犯、職訓總隊、暑期學生戰鬥訓練之青年工程隊及各公民營廠商等。

　　1954年蔣經國先生擔任國防會議副秘書長，直接負責黑蝙蝠中隊之計畫，接著於1956年擔任行政院退除役官兵就業輔導委員會（簡稱退輔會）主任委員，負責執行橫貫公路之建設。因此黑蝙蝠中隊與橫貫公路兩者的交集就是蔣經國先生。

嚴家淦省主席與蔣經國主委校閱青年工程隊
資料來源：《20世紀台灣》1956年

1960/4/6 全線試車（金馬號）
資料來源：《20世紀台灣》
1960年

1960/5/9 通車典禮，
蔣經國主委與陳誠副總統
資料來源：《20世紀台灣》1960年

東西橫貫公路（台8線）終點太魯閣牌樓 1960 年完工通車
資料來源：交通部公路總局第四區養護工程處

　　1961年初衣將軍透過蔣經國先生與其曾主事的退輔會榮工處（橫貫公路主要建設單位），安排黑蝙蝠中隊的橫貫公路之旅，當時橫貫公路剛完工不久，並未對外開放，只安排讓長官視察。本次兩天一夜特別的旅遊由新竹機場搭交通車出發，在台中火車站集合，再轉搭一部公路局金馬號專車（車號：15-11538），展開橫貫公路之旅。

公路局金馬號，車號清晰可見

　　話說公路局為配合中橫的興建與開通，更因應長途客運與旅遊需求，於1957、1958年採購日本五十鈴（ISUZU BX-348型）柴油客車，座椅號稱坐臥兩用式（其實只是椅背能往後倒），每車只有28個座位，加裝電風扇、錄放音機、供應茶水等設備，稱為金馬號特快車，並有隨車服務員，號稱金馬號小姐，金馬號於1959年正式上路，是當時最豪華的長途客車，最多時達458輛。接著才有1970年的冷氣金龍號、1976年的中興號以及1978年配合中山高全面開通的國光號。

　　當年金馬號小姐的風光不亞於中國小姐，是民眾目光的焦點，當時還有人因仰慕金馬號小姐之名專程搭乘金馬號，甚至有一部影片

「關山行」以金馬號爲主要場景。當年金馬號小姐每月薪資約 500 元，是那時公務員平均薪資的兩倍，所以競爭相當激烈，錄取率比大學聯考還低。

金馬號小姐
資料來源：《20 世紀台灣》1959 年

李崇善全家在出發之前，特別在公路局台中站合影留念，本照片的「全家」其實是報准之後的結果，因此只有兩家有小孩隨行，另一家是李德風，套一句廣告詞：全家就是李家。照片中除了當年軍人出外旅遊仍多著軍裝外，值得注意的是掛在李崇善行李上的日製 Yashica 牌照相機，是拜託出任務的同袍自沖繩美軍基地的 PX 買回來，也爲自己與黑蝙蝠中隊的任務外活動留下珍貴的影像紀錄。

公路局台中站，出發前全家合影

　　當時中橫除前一小段路鋪設柏油外，其他路段皆為碎石子路，當年公路局之車輛尚未有空調設備，座位只包覆著薄薄的一層海棉。當然因為尚未通車，一路走來並未見到其他車輛，好像整條橫貫公路都屬於黑蝙蝠中隊。

　　中橫（主線稱台8線）自東勢經和平、谷關、青山、德基、佳陽、梨山、大禹嶺、慈恩、洛韶、天祥至太魯閣，全長188.5公里。與廣達1272平方公里的大甲溪流域有交集，雨量豐沛，為國內水力資源豐富的溪流之首。上游先後築有德基（1967）、谷關、青山、天輪等水庫，占國內水力蘊藏量的四分之一以上。當時第一站參觀谷關的青山電廠。

　　第一天途中的中午用餐採「野餐」形式，餐點為當時流行的西餐盒，是由新竹市中正路上的「美乃斯」西點麵包店提供。

1953 年的老招牌

　　美乃斯麵包店於1953年在中正路原址開始營業，由羅家四兄弟經營。其店名Venus由一位在圖書館工作的朋友所取，採日文發音，故為美乃斯，而非「維納斯」。本來專營麵包，後來因應美軍顧問團來台與美國物資的流入與需求，開始兼營其他美國食品。後來規模越來越大，居然成為「美國貨委託行」，除了食品外，還有當時很稀奇的紙尿布、電毯、廚房雜貨、衣服等，而食品則包括起士、花生醬、整桶冰淇淋、酸瓜（Pickle）、牛排等。其貨源來自台北晴光市場，有時遠至基隆港與高雄堀江市場，當然部分貨源由美軍顧問團各地的PX流出。至於客源主要為美軍顧問團眷屬、新竹機場、教會等外國機構與菲力浦等外商公司（現荷蘭村）。下面右側照片裡，左為李崇善夫人與兩位小朋友，中為李滌塵夫人，右為趙欽隊長夫人，由於只有四個李家小孩及六位夫人參加，因此照片裡的小孩與夫人占了其中的一半。

野餐時食用盒上印有「VENUS」的美乃斯西點

　　橫貫公路之旅除了參觀沿路景點外，也特別安排參觀有「蔣經國脈絡」的梨山山莊與福壽山農場。車先到達梨山山莊，再由山莊徒步到福壽山農場。在1954年時因應農復會之政策，特委託省立台中農學院（現中興大學）園藝系師生，進行橫貫公路主支線園藝資源之調查，並建議政府於高山發展溫帶農牧事業。接著於1957年，退輔會依據上述高山園藝調查報告，遴選志願從事山地農墾者100人，由谷關徒步

出發探勘（當時橫貫公路尚未通車），終於找到有水源的廣大草原，即為今日之福壽山農場。隔年開始試種果苗，先後結了桃子、梨子與蘋果，成果斐然，農復會決定支助經費，由農場自行繁殖果苗，供給梨山地區之原住民栽種，從此梨山地區開啓了落葉果樹種植之黃金時代。因此中隊隊員們參觀了果樹苗標本室，令人印象深刻的是瓶子內裝著各式各樣的果樹苗與種子。

由梨山山莊徒步到福壽山農場

岳昌孝夫婦

　　當時接待黑蝙蝠中隊的農場場長是朱有壬場長，負責開墾土地，種植果樹期及成立農莊等事宜。後來回任行政院輔導會農墾處，並於1967年調任宜蘭高級農工職業學校校長（現宜蘭大學）。

部分黑蝙蝠中隊成員與家屬在福
壽山農場排樓前合影

李崇善夫婦於梨山山莊前合影

　　白行程結束後，晚上即住宿於建造於1959年的梨山山莊。由李上校夫婦合照可知當年中文名稱為公路梨山行館，英文名稱為：Highway Hostel Lishan，當時為簡易的居住設施，故稱Hostel。中橫公路開通後帶動了大量的觀光人潮湧到梨山遊玩，更吸引許多慕名而來的外籍遊客。行政院輔導委員會為了提高梨山國際形象，所以後來興建了古色古香、宮殿式建築的「梨山賓館」，且於1971年正式對外營業。

　　第二天出發繼續參觀天祥、太魯閣，途經建於立霧溪與荖西溪的合流處的慈母橋，1990年因颱風來襲，造成慈母橋受損，新橋於1995年5月完工，橋長136公尺，寬9.9公尺，為斜張鋼橋，護欄的設計上採用白色大理石，橋兩端各設有一對白色大理石石獅，以下是新、舊橋的相片。

原天祥慈母橋（右上）及新建之天祥慈母橋（右下）

　　黑蝙蝠中隊的橫貫公路之旅在第二天下午於花蓮結束，在花蓮機場搭C46飛機（編號210）回新竹，當時正駕駛為尹金鼎少校，副駕駛為戴樹清中校。尹金鼎少校由屏東基地調來34中隊，他曾擔任白崇

禧將軍視察戰區的機長,白將軍曾在一次餐會上,親自爲尹金鼎少校剝香蕉皮以表感謝。

　　橫貫公路之旅同年(1961)的 11 月 6 日夜,黑蝙蝠中隊一架 P2V 電子偵察機在大連東北方向城子瞳地區被鎖定,中共探照燈部隊(401 團)和高砲部隊在此設伏。18 時 55 分,811-821 等 10 個探照燈站一起開燈,高砲部隊立即開火,機上計有葉霖、尹金鼎、蔡文韜、南萍、岳昌孝、張桂圃、朱振三、陳昌文、李惠、陳昌惠、梁偉鵬、程度、周迺鵬等 13 人陣亡。(中共於 1950 年 8 月 10 日在上海建立第一個探照燈團:121 團,之後各地陸續設立,並搭配探照燈站。)

中共探照燈

黑蝙蝠的康樂股長

──陸乾原上校──

　　黑蝙蝠任務屬極機密等級，連家人都被蒙在鼓裡，因此隊員們處在「生死一線」的壓力下，家人（特別是夫人們）更處在「等門判生死」的壓力下，因此才有空軍一村被稱爲「寡婦村」的傳聞。在此高壓情況下，一些紓壓活動被設計與安排，包括授勳、頒獎、召見、聖誕晚會、舞會、電影會、旅遊等，而主持人更是紓壓、串場的靈魂人物，因此產生了黑蝙蝠中隊的康樂股長：陸乾原上校。

陸乾原上校在空軍官校
資料來源：
《中國飛虎》（2008）

　　陸乾原上校原名陸乾元，生於1922年，江蘇吳縣人，空軍軍官學校第16期航空班畢業。同期同學有郁文蔚，後來服務於黑蝙蝠中隊，曾在葉拯民組長殉國後代理空軍技術組組長。陸上校曾爲中美空軍混合聯隊我方第三驅逐機大隊飛行員。同隊者有張省三分隊長。

　　值得一提的是，張省三畢業於空軍軍官學校第9期航空班，於1960年3月28日駕F-86戰機在台海巡邏時，在竹南以西海面殉國，當時擔任政戰部上校主任，後來台中空軍子弟學校爲紀念他而改名「省三國民小學」，詳見另篇《黑蝙蝠的小學之鏈》。1944年3月4日，張省三駕P-40機突襲海口機場，當場擊毀日機6架，支援友機作戰屢建奇功。戡亂作戰時期，復參加豫東、延安等戰役，並單機深入敵後偵察敵情，收穫豐碩。來台後支援金門「八二三」作戰，襲擊廈門敵砲兵陣地予以摧毀，曾膺選爲國軍第一屆克難英雄，奉政府頒受青天白日勳章。

張省三飛行官之檔案照片

衣復恩將軍（坐者）後立者為郁文蔚中校

　　當時我方第一轟炸機大隊飛行員中還有殷延珊與徐銀桂，後來都是黑蝙蝠中隊的成員。他們兩人都是空軍軍官學校第15期航空班畢業，殷延珊飛行官後來擔任黑蝙蝠中隊的首任隊長，遺憾的是在1960年3月25日出任務時殉國於韓國群山。徐銀桂飛行官則在1959年5月29日夜裡同時派出兩架B17進入華南活動的任務中，先行出發之的815號機（新竹一號），完成任務後於返航途中，遭敵機截擊，不幸中彈起火，致墜落廣東省恩平縣境，壯烈殉國。

殷延珊隊長（中）與郁文蔚中校（右）合影

　　中美空軍混合聯隊（CACW）成立於1943年3月，源自美國陳納德將軍（Claire Chennault）於1930年代成立之美國志願者大隊（AVG）：大家熟知的飛虎隊。主要使用P-40機種，其鯊魚機頭造型如下之各種表情，尤其在飛機迷中廣受喜愛。後來以「空中之虎」為意象設計出AVG的飛虎隊徽。

飛虎隊有名的鯊魚機頭造型
資料來源：十四航空隊中美空軍混合聯隊（CACW）中國飛虎研究學會

飛虎隊之前身 AVG（美國志願者大隊）之隊徽

　　CACW在美國番號隸屬美國陸軍第14航空隊，在華方面則為空軍第一、三與五大隊，分別由轟炸機與驅逐機組成。當時陸上校為第三驅逐機大隊的飛行員，第三驅逐機大隊下轄28與32混合中隊，所有戰鬥機P-40仍然保持鯊魚機頭的造型，但沒有隊徽，當時28中隊中隊長Eugene Strickland請求華德迪斯耐設計出原始隊徽：中國龍戴上高頂禮帽，再經田景詳飛行官修改，在禮帽上加了一個國徽，就成了如下1943年的第一個隊徽。32中隊的隊徽則是是雷公造型，其翅膀上分別繪有青天白日及五角白星以代表中美聯合之特性。

1943 年設計之 28 中隊隊徽

1956 年修改之 28 中隊隊徽

32 中隊原始隊徽
資料來源：十四航空隊中美空軍混合聯隊 CACW 中國飛虎研究學會

　　CACW的中美合作，有一大部分基於1941年3月11日美方國會通過的「中國租借法案」，包括物資與人員的交流。人員的交流部分影響深遠的是我方空軍飛行員留美方案，前後七梯次，主要爲空軍軍官學校12-16期航空班的畢業生，例如前述黑蝙蝠中隊「新竹一號」徐銀桂飛行官爲其中第五批留美飛行員，葉拯民飛行官則爲第四批留美飛行員，前觀光局虞爲局長爲第三批留美飛行員，本篇主角陸上校應爲第七批留美飛行員。

1944 年第 16 期生第七批留美學員於美國雷鳥機場（Thunder Bird）初級飛行學校結業典禮
資料來源：十四航空隊中美空軍混合聯隊 CACW 中國飛虎研究學會

　　後來陸上校出任務在福州機場降落時受傷失去左手，因此轉地勤，來台後擔任空軍情報署上校聯絡官，爲衣將軍左右手，督導業務包括在新竹的黑蝙蝠中隊。除了他的義手外，曾出現九指飛官王日益，其父爲王曉籟（得天居士，1886-1967），上海花臉名票與政商界名人，多次一起發起勸募救災，包括京劇義眼與賽馬。曾任首屆全國商會聯合會理事長，與杜月笙同時期，在1951年曾協助遊說杜月笙來台未

果。土日益飛行官爲其11子之十子，遺憾在1963年於北越殉職，成爲南星計畫首架被擊落的飛機（DC-4）。其兄王于九亦參加寮國的北辰計畫而殉職。不過黑蝙蝠中隊中唯一的兄弟檔是唐本祥飛行官與唐本華領航官。另有兩位黑蝙蝠之美方人員因參加突擊隊任務而受傷，裝了義足。上述這群人成爲黑蝙蝠中隊中的另類「義氣」者。

由於陸上校英文佳，能說英文笑話，又善於主持節目，具有「搞笑功力」，因此成爲有中美雙方共同晚會的「不二主持人」，故有「黑蝙蝠康樂股長」的稱號。他在聯歡活動中推出許多別出心裁的同樂節目，諸如：捉迷藏、甜蜜家庭、肚皮臉譜、背夫人等，以下有圖爲證。另外，陽剛中隊卻有溫柔的隊員名字，例如張明珠領航官、王小琳領航官、丁菊湘機械士官、李惠通信官、南萍領航官等，加上不少人有綽號， 例如兩位副隊長各有綽號，黑黑的孫副隊長叫 Blacky、瘦瘦的庾傳文副隊長叫 Skinny、劉胖子（劉空投士官）、大屁股（美方機械士官）、老奸（D. Jackson, 假名 Janings，老 Ja 成老簡、最後成老奸）、水牛（莊文松機務官）、黃牛（黃盛年電子官）等，這些全成了康樂股長娛樂別人的材料。

另外，晚會時也常有藝工隊前來表演，特別是空軍的藍天藝工隊與公路黨部藝工隊。國軍中的藝文團體主要分爲兩大類：軍樂隊與藝工隊（早稱康樂隊），台灣的許多藝人出身於後者，被譽爲「明星兵工廠」，也培養許多早期的軍中情人。軍樂隊中最有名者爲「國防部示範樂隊」，主要典禮中常見其身影。至於藝工隊（國軍藝術工作團隊），隸屬不同軍種，例如空軍有「藍天」、「大鵬」，陸軍則是"陸光"，海軍則爲「海光」，另外國防部後勤司令部有「白雪」與「民生」康樂隊等。各軍種後來還陸續成立了京劇隊與豫劇隊。1995年7月1日，合併轉型爲現在台灣知名的「國光劇團」。

全盛時期，國軍共計有49個藝工隊，知名藝人如楊小萍與白嘉莉分別在1961、1963年考進空軍藍天康樂隊，一起與冉肖玲同時在藍

天接受歌舞訓練。當年楊小萍曾隨藍天來新竹參加黑蝙蝠勞軍表演，
場所即為新房子。

捉迷藏

甜蜜家庭

背夫人

陸上校「樂」體橫陳

1982年，美十四航空隊飛虎協會致函我觀光局虞為局長（亦為前第三驅逐大隊飛行員），邀請我方第三驅逐大隊飛行員至西雅圖參加美十四航空隊飛虎協會之年會。特推舉羅英德上將為團長，一行30餘人如期前往。回國後成立「第二次世界大戰中美空軍聯合作戰部隊中國空軍退役人員協會」，持續雙方交流。

1982 年開始，中美飛虎之持續交流

1982年後中美交流頻繁，其中1985年5月15日，美雷鳥飛行員協會在亞利桑那沙麥州市舉行年會，我方派冷培樹、周石麟、劉紹堯三位退役將軍及陸乾原上校前往參加，雷鳥基地為留美飛行員之飛行訓練基地。同年7月4日，美中國空軍飛虎志願大隊及中國航空公司協會在加州歐海翠合併舉行之年會，我方由羅英德上將率毛昭品、陸乾原前往參加。1985年9月17日我方派劉紹堯、關振民、陸乾原三員參加美鴕峰飛行員協會在雷諾城舉行之年會並協調該協會訪華事宜。1986年5月我方派劉紹堯、陸乾原兩員參加美中國空軍協會及志願大隊協會在俄蘭度舉行之年會。

不能說就用照的

—楊建法照相官—

有道是：一圖勝千字，老照片說故事的感染力特別強。黑蝙蝠中隊雖然是秘密任務組織，仍然留下一批珍貴的老照片，主要原因為當時部隊配置有照相官，他們成為後世傳史的幕後英雄，那些照片也成為景仰殉國英雄的少數影像。

楊建法照相官

當時黑蝙蝠中隊的照相官為楊建法上尉，1923年生，祖籍安徽，早期隨陸軍南征北討，後來駐紮雲南，自修考取空軍照相士官班。隨軍撤退來台，再自修考上空軍官校，畢業後派往桃園的空軍第六大隊的照相技術隊，接著於1958年奉派到34中隊擔任上尉照相官，暱稱：Picture楊。1966年6月，黑蝙蝠中隊換裝P3A新機，他與美方人員Mr. Gordon負責機內的新型照相裝備之接收、保養與校驗。

1958年以前，由於黑蝙蝠中隊屬機密特戰任務，配置照相官之前，除了美方的空照外，基地內禁止照相。真有需要時，由一位姚邦熹士官長兼辦拍照，再送到大同路的萬昌照相行去沖洗，當時照相放大還算高科技，該行還有「微粒放大」的廣告。有一次沖印時，照片中有前總司令陳嘉尚上將的影像，被便衣保密人員發現，遂行檢舉。最後居然以「曝露統帥行蹤」罪名，軍法判刑一年。

楊建法照相官的工作地點在下圖A棟中美聯合大樓一樓入口處（A與B間）左邊第一與第二間房間，一間為辦公室，另一間為照片沖洗之暗房。34中隊的照相官知道秘密任務不能隨便照，最安全的做法就是跟著隊長或副隊長，尤其楊建法的辦公室有地利之便，往外一望，有任何「風吹草動」，拿著德製Leica相機往外衝，即可執行任務。楊建法沖洗之後，會分送照片中出現之人。呂德琪將軍自1961調任

34中隊中校飛行官，11月接任副隊長、代理隊長，於1964正式擔任隊長直到1970年。因此呂隊長有較多的照片。

空照黑蝙蝠基地

　　檢視呂隊長、李崇善上校所有的照片，楊建法照相官在所拍的照片上有以下數種註記：日期註記、蓋章註記、日期與描述註記、正面日期註記。

JUN 15 1965

8 1 MAR 1970

PROCESSED BY 34TH SQ. CAF

空軍第三十四中隊攝製

日期註記　　　　　　　　　　　　**蓋章註記**

5th Apr. 1968

Dinner party for Mr. Kent Williamson

日期與描述註記

十二週年隊慶 · 16th Aug. 1967

正面日期註記

依照各種註記，找到了一張有日期註記1959年8月16日的最早照片，就是照於東大路102號「新房子」之四週年隊慶照片。

　　1959年李崇善拜託出任務隊員由日本沖繩那霸市的美軍PX買回一台Yashica照相機（如圖），為家庭與工作留下不少影像。如果說楊建法為官方照相官，那麼李崇善可以稱得上是民間照相師了，甚至幫照相官照相。也因此1959年全家西台灣之旅與隊上橫貫公路之旅，皆能留下值得懷念的照片。

註記日期之最早照片：四週年隊慶

李上校的 Yashica 相機

照相官的工作是照別人，所以自己難得出現在照片中，不過當李崇善擔任民間照相師或晚會活動之餘，照相機「換人照照看」還是留下楊建法照相官的一些照片。

「照相官」難得入鏡

1972年，34中隊開始沖洗彩色照片，因此出現了能夠看出家具顏色的珍貴照片，包括楊照相關的照片及基地聯合辦公大樓俱樂部照。

俱樂部活動照

與李崇善上校合照的彩色照片

　　談到照相官，那麼最有名者非胡崇賢先生莫屬，因為他是當時蔣中正總統的專屬照相官。胡崇賢先生為浙江人，自1927年起擔任蘇州民報的記者，展開他的攝影生涯，1939年他正式成為蔣中正全家的專任攝影師，隸屬於「勵志社」，在南京國民政府時期，負責蔣中正日常攝影工作。政府播遷來台，蔣中正把胡崇賢也一起帶來台灣，繼續專職負責官邸的攝影工作，暱稱為：胡照相，因為蔣中正總統隨時會下達「找胡照相過來」的命令，所以「胡照相」只能天天守在固定崗位，哪裡也去不成了。

　　勵志社是國民黨於1929年由蔣夫人發起組織而成，以文化活動聯絡國民黨與美軍軍官，也兼辦國際文化交流，因此有英文名稱「OMEA」：Officers, Moral Endeavor Association，當時蔣中正先生為社長，總幹事為黃仁霖先生。國民黨的勵志社位於現南京中山東路、解放路口的鍾山賓館。當時，勵志社職員穿軍裝，領取軍米，可以享受車船軍人半價優待。經費是向軍需署或財政部領取的，抗戰時期

招待美軍費用占全國財政開支的第五位。其他活動例如勵志社有交響樂團；督運故宮古物從北京到南京，又運到「大後方」去；負責推動中國第一部音樂劇《孟姜女》：英文劇名為《萬里長城》(the Great Wall)1946年赴美公演；管理國民大會堂等。

另一位戰地名記者為將軍記者：劉毅夫，原名劉興亞，綽號「劉老大」，遼寧遼陽人，民國前一年(1911)生，因為總幹事黃仁霖先生之故也加入「勵志社」，號稱「劉黃不離」。曾先後歷任軍委會戰地服務總隊長、空軍前線指揮官、空軍中美混合團政治部主任、撫順縣長、東北五縣聯防指揮官、聯勤司長，以少將退役。於1950年4月由中央日報延攬為特派員。他回首投入新聞工作行列，認為：戰地記者是拿筆的戰士，專長於空戰特寫與前線報導與攝影，包括一江山撤退及八二三砲戰。

蔣中正總統有重要活動時，當局依例發放採訪證，各報社的攝影記者憑證參加，胡崇賢必然也在攝影記者群中，但是他可以站在最前排，更貼近蔣介石，其他記者則不能亂動，你動一下，就被安全人員擋下去了有些報社雖然派了攝影記者，但在發稿時，還是挑選胡崇賢的作品，因為胡崇賢的照片，不會出問題，刊在報紙上，蔣介石也不會挑毛病。尤其是碰上蔣夫人的場合，如果攝影記者的角度拿得不如夫人的意思，大家都不好受。所以凡是蔣夫人的新聞圖片，也是以胡崇賢的稿件最為安全，報社不必擔負風險。因此可以說當時統一發布新聞用的照片，都是出自胡崇賢之手。

依此推理，蔣總統有重要活動時，胡崇賢照相官會在現場拍照，包括校閱部隊與接見，黑蝙蝠中隊數度赴台北接受總統召見，觀察照片後面，皆留下胡崇賢照相官的印記。如果離開台北，胡崇賢照相官也「隨侍在側」，以下照片由胡崇賢照相官攝於1961年11月9日，當天黑蝙蝠中隊一架C-54電子偵查機與機員奉命飛往桃園基地，接受蔣總統的校閱，後方有桃「園基」地部分字樣。

1961 年蔣總統視察黑蝙蝠中隊照片（胡崇賢攝）

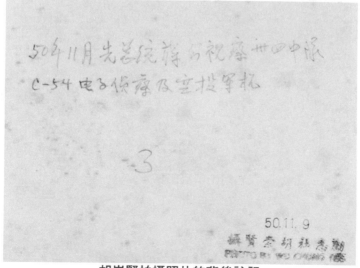

胡崇賢拍攝照片的背後註記

　　胡崇賢照相官的印記中有三排，上排爲時間，中排爲中文「勵志社胡崇賢攝」，下排爲英文，但姓 WU 而非 HU，因爲按照浙江話的發音，胡就唸作吳，後來製作的攝影即就是以 HU 表示。

胡崇賢攝影集

黑蝙蝠的小學之鏈

—空軍子弟學校—

　　1948年底，國民黨漸次退守台灣，空軍部隊也陸續負擔運送任務（包括隨軍來台之眷屬），因此紛紛進駐台灣各機場。空軍也開始在機場附近覓地成立「空軍子弟小學」，前後總計成立13所，正式名稱為「空軍總司令部附設○○小學」，通稱「○○空軍子弟學校」。1949年8月1日起，將子弟小學教職員納入編制，支薪除比照空軍階級外，並加發主副食、眷糧、服裝及生活補助費銀元五元，待遇原則上等同空軍軍官。1965年國防部為了減輕軍中的負擔，通令三軍自辦的子弟學校悉數移交地方政府接管。經召開數次協調會，空軍決議於1967年前將各空小全數移交，而改制後之校名因考量各校性質及歷史背景，提議以空軍烈士之名字或其他有空軍脈絡者命名（例如筧橋國小）。1966年4月7日國防部以善許發619號令頒佈如沿革表之13所校名，並自同年8月1日起陸續將各空小移由地方政府接辦。上述之筧橋國小的前身是「二高空軍子弟學校」，後來成為前鋒國小的分校，2003年6月30日筧橋分校裁撤，改設為高雄縣沐恩之家所經營的和平家園。

　　13所空軍子弟學校中，創校時間最早的是1934年在杭州筧橋成立的「中央航空學校子弟學校」，來台後有三所子弟學校宣稱以它為母校，分別是台北空軍子弟學校、岡山空軍子弟學校及宜蘭空軍子弟學校。雖然空軍子弟學校一脈相承，但是一般而言仍認為由台北空軍子弟學校來傳承「中央航空學校子弟學校」，因為當年杭州筧橋的創校校長陳鴻韜後來為台北空軍子弟學校的校長。另外，當年還有一所「粹剛國小」，紀念的是對日抗戰期間的第五大隊24中隊長，外號「紅武士」的劉粹剛烈士，其脈絡也是杭州筧橋的中央航空學校子弟學校，後來成為「懷生國小」分部。1975年原校址成立啓明學校，粹剛國小走入歷史。其實後來虎尾空軍子弟學校所宣稱的母校「南京空軍子弟學校」是1946-49年間的「中央航空學校子弟學校」，因戰亂由杭州遷往成都與南京而得名。

　　1966年改以13位空軍烈士命名，隔年陸續開校，回歸教育體制。事隔40餘年，烈士只是學校的名稱或烈士的精神與事蹟有「內化」至學校教育？若我們實際查詢各烈士學校的網頁，除了都有銅像、校歌、空間命名外（例如志開國小植物園被命名為「志開園」、載熙國小有載熙樓等），有些學校的確有聯結至學校教育。

　　當然每間學校選擇紀念烈士的方式各有不同，無論是實質的立碑、設置銅像，或以各式活動、課程教育後輩都是空軍脈絡的最佳延續。

1947 年南京空軍子弟學校校旗

學生制服

體操活動

空軍子弟學校在台北復校（1949）

資料來源：中華民國空軍子弟學校校友會總會

台灣地區空軍子弟學校的沿革表

學校名稱	創校時間	改隸後名稱	校名典故（犧牲時間地點）	所屬部隊
台北空軍子弟學校（中央航空學校子弟學校）	1934 年	台北懷生國小	陳懷生，U-2，大陸偵照（1962/9/9；江西南昌）	黑貓中隊
桃園空軍子弟學校	1951 年 3 月	桃園陳康國小	陳康，P-47，台海戰役（1954/11/1；福建省同安縣）	空軍第五大隊隊長
新竹空軍子弟學校（上海空軍子弟學校）	1946 年 8 月	新竹載熙國小	吳載熙，U-2，大陸偵照（1966/2/17；台中水湳機場）	黑貓中隊
台中空軍子弟學校（空軍第三飛機製造廠附設子弟小學）	1948 年 2 月	台中省三國小	張省三，F-86，台海巡邏（1960/3/28；竹南以西海面）	空軍第三聯隊政戰部上校主任
台中空軍子弟學校公館分部	1950 年 8 月	台中汝鎏國小	吳汝鎏，對日空戰（1938/8/30；廣西南雄）	空軍第三大隊隊長（427 聯隊）
虎尾空軍子弟學校（南京空軍子弟學校）	1947 年 2 月	虎尾拯民國小	葉拯民，RB-17，大陸偵照（1956/6/22；江西廣豐）	黑蝙蝠中隊
嘉義空軍子弟學校	1949 年 8 月	嘉義志航國小	高志航，I-16，日機轟炸（1937/12/21；周家口）	空軍第四大隊隊長（814 空軍節來源）
台南空軍子弟學校	1948 年 4 月	台南志開國小	周志開，P-40N，對日空戰（1943/12/14；鄂西一帶）	青天白日勳章得主
岡山空軍子弟學校	1949 年 4 月	岡山兆湘國小	王兆湘，RF-84，大陸偵照（1957/4/15；韓國濟州島）	空軍第六大隊
東港空軍子弟學校	1949 年 9 月	東港以栗國小	周以栗，P-2V，大陸偵照（1963/6/20；江西臨川）	黑蝙蝠中隊
屏東空軍子弟學校	1948 年 9 月	屏東鶴聲國小	林鶴聲，F-104，國慶閱兵（1964/10/10；台北近郊土城清水）	F-104 戰機中隊

花蓮空軍子弟學校（防空學校附設子弟小學）	1945 年	花蓮鑄強國小	溫鑄強，F-47，大陳作戰（1954/7/6；寧波）	
宜蘭空軍子弟學校	1949 年 12 月	宜蘭南屏國小	李南屏，RB-57，大陸偵照（1964/7/7；福建漳州）	黑貓中隊

資料來源：新竹空軍子弟小學、全球空小網站及作者增補

志開國小

志開國小的校徽，是一架穿越代表勝利的大 V 字的飛機，校方還為低年級學生開了「空軍健兒與志開國小」的課程，講述水交社與空軍關係的歷史故事；中高年級則安排「水交社」的參觀課程，並且實地訪談附近民眾。

陳康國小

陳康國小的傳統是學生出入校園時，都得向陳康銅像敬禮，更把每年 5 月第二個星期三定為「陳康紀念日」，校方還舉辦紙飛機、竹蜻蜓、降落傘，以及水火箭試射比賽，通過測驗的同學校方還會發給「陳康飛行員」初級證書。

省三國小

創造了「年段圖像」，用不同圖案象徵不同年級的男女學生，而這些圖案全部都是卡通圖案化的飛機，從一年級的單翼螺旋槳飛機，到六年級的 F-16 戰機，男女生廁所用雙尾桁的 C-119 代表，學校老師則用雙翼機代表，足以突出省三國小和空軍的淵源。

南屏國小

南屏國小則在遷移到泰山路的現址後，在校舍上刻了一副對聯「南遷子校紀空軍飛將，屏啟書聲培博士學生」，把李南屏烈士的名

字嵌了進去，也算是另外一種紀念烈士的方式。

載熙國小

在13位烈士中，3位歸屬於35中隊（黑貓中隊），兩位歸屬於34中隊（黑蝙蝠中隊）。黑貓中隊殉職的飛行員中，其實有兩位台灣人：吳載熙與黃七賢，黃七賢少校是居住於南投的原住民，1970年在訓練飛行時失事殉職。雖然位於高雄市的七賢國中因路名而設，但是卻引人發想與黃七賢烈士聯結。吳載熙則為新竹人，因此載熙國小設在新竹市，最具「脈絡性」。為了紀念吳載熙，在他的故鄉新埔鄉大茅埔還有「載熙橋」和「載熙古道」。

吳載熙

吳載熙紀念碑

載熙國小前身「新竹空小」，最先設校於新竹公園湖畔（新竹動物園對面）及縣黨部（現中央路市役所）旁，分設一、二部；1950年8月使用空軍二十大隊空間正式成立「空軍總司令部附設新竹小學」，也是現在校址。新竹空小學生來自樹林頭、東大新村、北大路（大道新村）、牛埔、三廠、兵營、南勢等地，在所有空小之中算是中小型的學校了，每個年級大約5班，全校不過1000多人。

1966年8月1日新竹空小移交地方政府接辦，為紀念家居新竹縣

新埔鎮大茅埔之空軍烈士吳載熙，因此命名為「新竹縣新竹市載熙國民學校」，並蒙當時國防部長蔣經國先生親題校牌，雖然新竹空小只到第19屆，為了歷史傳承，前幾屆載熙國小仍有並列計算，例如載熙國小第三屆同學入學時期仍算為新竹空小22屆。

其實1965年6月26日吳載熙與杜喜美小姐結婚時，即由蔣經國先生擔任證婚人。令人遺憾的是隔年2月17日即失事殉職，3月29日安葬於新店空軍烈士公墓，兩天後吳夫人肚中的遺腹子出生，蔣經國先生還特別命名為吳興華。

吳載熙結婚由蔣經國先生擔任證婚人
資料來源：新竹市文化局「空軍英雄吳載熙資料展」

空軍二十大隊 Logo（左圖）
1956年新竹空軍一村，右邊ㄇ字部分則為二十大隊隊部（右圖）
資料來源：新竹市文化局

拯民國小及以栗國小

　　為紀念黑蝙蝠中隊而設的烈士小學有兩所，分別是雲林縣虎尾紀念葉拯民烈士的拯民國小與屏東縣東港紀念周以栗烈士的以栗國小，分別紀念葉拯民與周以栗烈士。黑蝙蝠中隊出任務皆為團隊編組，例如葉拯民團隊為11人，周以栗團隊為14人。但葉拯民與周以栗烈士兩位為當時任務的機長，因此作為代表，兩校有責任彰顯這兩次團隊編組，也就是25位烈士都應該成為該校的特色教材。

　　葉拯民烈士，遼寧省遼陽縣人，生於民國1922年12月22日，空軍官校第15期畢業，歷任飛行官分隊長、主任參謀，並擔任第八大隊行政長。當時第八大隊駐守新竹基地，1954年西方公司（後隸為NACC）部分特種任務由桃園遷至新竹，後改稱空軍特種任務組（SMG），部分人員由第八大隊調任，葉拯民中校於1955年加入SMG（34中隊前身），擔任組長。同年自第八大隊的三個中隊挑選一組共13人執行「獵狐計畫」，正式展開電子偵測任務，隔年其組員也併入SMG，改名為「空軍技術研究組」，1958年1月才改稱34中隊。

　　葉拯民是駕駛B-17G（編號357）的偵察機，於1956年6月22號執行空投與偵查任務的時候，在江西廣豐上空被中共空軍的米格17戰機擊落，全機11人全部殉職，也是特種任務第一架被中共擊落的飛機，名單如下：

> 飛行官葉拯民、楊頌文；領航官周興國、錢端信；電子官林其榕、羅璞；通信士杜漢萍；機工長高鵬飛；空投士陳立仁、郝書勤、王茂森。

　　空軍子弟學校都因空軍基地而設，拯民國小的歷史說明了原來雲林虎尾有空軍基地。雲林虎尾基地曾經是初級飛行教練的訓練基地，政府遷台初期，在這裡實施PT-17初級教練機的訓練飛行，當時虎尾

機場並沒有跑道，但是有一大片的平坦草地以及十多個防空掩體。黃文祿將軍在接受國防部口述歷史時就曾回憶空軍官校33期入伍生訓練後，在1952年7月進入虎尾的初訓大隊，受訓半年後才進入岡山的高訓大隊。

1956年初王叔銘總司令到新竹基地頒獎與機工長高鵬飛握手（左一）

拯民國小改制前爲「南京空軍子弟學校」，成立於1947年2月21日，原校址位於南京八府塘。1949年隨著空軍撤守台灣，部分空軍眷屬遷居虎尾眷村，爲因應空軍子弟教育的需求，仍由台北空軍子弟學校陳鴻韜校長在虎尾機場籌備復課，名稱爲台北空軍子弟學校虎尾分校。1950年8月虎尾基地劃歸空軍官校，該校亦奉令改制獨立，同時更名爲「空軍總司令部附設虎尾小學」配屬於官校，也就是「虎尾空軍子弟學校」，並於同年秋遷校虎尾建國三村現址。1966年8月1日移交雲林縣政府接辦，校名因此改爲雲林縣虎尾鎮拯民國民學校。1968年政府實施九年義務教育，再改稱爲「拯民國民小學」。

拯民國小的校園內有烈士的銅像，只可惜碑文略有破損。不過由

於人口外流，拯民國小現在也是迷你國小，全校只有6班59名學生，比桃園陳康國小的86人還要少，在這樣的環境下，還能把葉拯民烈士的銅像保存下來，其實已經非常不容易了。

虎尾拯民國小的校徽（左）及葉拯民銅像
資料來源：中華民國空軍子弟學校校會總會

周以栗，南京人，生於1923年3月23日，空軍官校21期畢業，屏東六聯隊飛行官兼作戰長，後調任34中隊。1961年當選為第12屆國軍克難英雄，下圖為當時在新竹車站候車北上受獎三位同袍的全家福。

1961年三位克難英雄全家福
周以栗作戰長（右）、陳運龍通信官（中）與柳克嶸飛行官（左）

　　1963年6月19日18時45分，黑蝙蝠中隊機長周以栗中校駕著P2V-7型飛機，帶領組員由新竹起飛到安徽省境，再經湖北到江西省境內，執行空投任務，20日零時34分在江西崇仁上空遭中共軍機包圍擊毀，所有機組員全部殉職，組員14人名單如下：

　　飛行官周以栗、陳元諱、黃繼鑫；領航官李文駿、王守信、傅永練、汪洽；電子官黃克成、馮成義、薛登舉；通信官卞大存；機工長彭家駒；空投士程克勤、楊思隆。

　　1966年8月空軍總部將1949年成立的「東港空軍子弟學校」移交給屏東縣政府，為紀念空軍烈士周以栗先生，因此命名為「以栗國小」，校園裡也有一尊周以栗烈士的半身銅像。

周以栗銅像（左）及屏東縣東港以栗國小
資料來源：中華民國空軍子弟學校校會總會

　　飛即被擊落殉職後，14位英靈遺骸由當地農夫就地合葬。近年兩岸開放交流後，烈士遺族嘗試到對岸尋找故人遺骸，幾番奔波終於在江西崇仁尋獲，在2001年12月5日返台，使靈骨得以回歸故土。並於同年12月10日，在台北縣新店市的空軍公墓，為14位烈士舉行安厝儀式，2002年3月29日並由空軍總司令陳肇敏主持公祭，隨後14位烈士靈骨安厝空軍忠靈塔。

安厝公祭

移靈

資料來源：楊傳華先生；國防部史政編譯室

　　另外在空軍烈士公墓同一區中，有三組英雄塚特別引人注目，三組烈士皆因赴大陸之特種任務而殉職，照片下方之第一組英雄塚屬第二十大隊。

空軍公墓英雄塚

1956年11月10日駐新竹基地的第二十大隊，派一架C-46（編號362）赴大陸實施空投任務，於浙江蕭山縣郊被大陸米格17F戰機擊落殉職，烈士9人名單如下：

飛行官李學修、邱文道；通信官高耀明；領航官王俊成；機械士陳鏽鋒；機械兼空投兵吳舜民、沈長禮、施秉章、姜文義。

第二與三組英雄塚則為34中隊。1959年，34中隊為了測試共軍攔截能力，在5月29日夜裡同時派出兩架B17進入華南進行活動。當天由徐銀桂、韓彥、李醫駕駛的815號機（新竹一號）先行出發，而李德風、陳章相、陳莊甫則駕835號機（新竹二號）於兩個小時後跟進。共軍知道這些飛機都是來自於新竹基地，因此為了易於區分，以「新竹」編號。815號機（新竹一號）完成任務後於返航途中，遭敵機截擊，不幸中彈起火，致墜落廣東省恩平縣境，壯烈殉國。

815號機14位烈士忠骸經過家屬多年探尋，於1992年12月14日，

自廣東省恩平縣金雞山墜機埋屍現場挖出火化後迎返國門，由空軍派儀隊在機場舉行隆重的迎靈覆旗儀式，並於 12 月 16 日在碧潭舉行安厝儀式。14 位殉職烈士名單如後：

飛行官徐銀桂、韓彥、李瞖；通信官、陳駿聲；領航官黃福洲、趙成就、伏惠湘；電子官傅定昌、馬甦、葉震環；機工長李德山、黃士文三等長、機械士宋迺洲；空投兵陳亞興。

1956/7 攝於空軍新生社（八德路）虎賁廳
後排左三為通信官傅定昌

2007 年 6 月 5 日，龍應台女士帶領思沙龍學生於清華大學舉行「向黑蝙蝠致敬」活動，烈士通信官傅定昌上校的外孫胡又天先生為紀念外祖父，以羅大佑作曲之〈妳的樣子〉填詞如下。現場演唱，令人動容。

那風雨飄搖的新竹風城　迴盪著前一夜的隆隆機聲
那歷盡風霜的空軍眷村　哭訴著再不回的失事良人

嘆只嘆那風雲的變化　把多少生靈悉付戰爭
泣別以往乘風的容顏　孤兒寡母徬徨離去另覓生存

那高空的風流總無情莫測　翻覆著下界的雲雨微塵
那鐵血勳章的風光背後　是斑駁不可睹的民族傷痕
為只為那鋒面的膠著　讓多少生命作了犧牲
何等悲謬隨風的忠貞　菁英隊伍繼續無悔賣命外人

　黑夜蝙蝠　出沒在冷戰的年代
　前仆又後繼　維繫中美的依賴
　赤空碧血　豈只是征人與妻兒
　忠烈的英魂　你們是歷史的悲哀

那滄桑的風景他總在變更　幻化著多少人事恩怨浮沉
那歸葬異鄉的風骨灰塵　又當得多少銘文幾首輓歌
問只問那風中的蒼生　有多少能夠超越此身
像那幾度臨風的側影　將起飛時那麼蕭瑟而又堅忍

　黑夜蝙蝠　出沒在冷戰的年代
　前仆又後繼　維繫中美的依賴
　赤空碧血　豈只是征人與妻兒
　忠烈的英魂　你們是歷史的悲哀

空運中隊與黑蝙蝠

―空軍專機中隊―

專機中隊源於空軍空運大隊（1945）與第十大隊（1948），下轄102、103與104空運中隊。二次大戰結束後，陸續接收美軍大批C-46及C-47運輸機。專機組先於1946年12月1日在南京成立，已有專門運送軍政要員的C-54、C-47及B-25等型機。

103 空運中隊隊徽

C-47 運輸機

資料來源：http://blog.sina.com.tw/somore/

　　1948年國民政府決定將「專機組」緊急遷往台灣，1954年又將104中隊的16架C-47合併，於隔年改隸空軍松山基地大隊，並將原「專機組」名稱更改為「專機中隊」。1957年5月21日松山國際機場跑道落成，「中美號」總統專機也是主角。專機中隊至今已服務超過一甲子，現在大家耳熟能詳的「空軍一號」也是中隊成員。

　　翻開專機中隊的歷史，有幾件事情與黑蝙蝠中隊有交集。首先是黑蝙蝠中隊的推手衣復恩將軍自1943年至1952年間正式擔任蔣中正總統與夫人蔣宋美齡專用座機「中美號」、「美齡號」的專機駕駛。其實第一架總統專機是DC-2，啟用於1936年，但於1941年8月1日在成都遭日機炸毀。1942年，衣復恩將軍赴美接機，成為第一位駕駛C-47飛機者，由美國本土一路東飛，經波多黎各、巴西、象牙海岸、迦納、蘇丹，再飛越紅海經葉門、阿拉伯海到印度，然後穿越喜瑪拉雅山脈回到雲南巫家壩基地，全程只花了99個小時。

　　1945年，杜魯門總統就任，希望繼續加強中美聯盟，向中國政府示好，贈送一架座機給蔣介石。該機由C-47B-DK改裝，機身為銀白色，機內陳設考究而舒適，座椅一律為沙發，前艙為辦公室，附有一張軟床，另有廁所和簡單的廚具，空調和隔音設備當時也屬上乘。蔣介石親自命名為「美齡號」，編號為C-51219，衣復恩也因為駕機技術出眾而成為專機的機長，不再接受其他任務1946年另一架C-54加入專機行列，命名為「中美號」，表示「中國與美國」，但另一說是「蔣中正加宋美齡」。1949年12月10日國民政府撤退時，駕駛「中美號」由成都鳳凰山機場載著蔣介石離開大陸的也是衣復恩將軍。因此他的工作曾被比喻為「蔣宋的手杖」，近代說得出名號的國民政府黨政軍要員，幾乎都曾搭乘過衣復恩駕駛的總統專機，並曾在他私人收藏的簽名簿留下墨寶。

　　專機史中，中美號共有三架，前述之C-54為第一架（編號先為C-54001，後改為C72424），第二架為DC-6B，第三架才是照片中的

720B，該機曾於於1975年9月15日搭載宋美齡女士飛赴美國長島蝗蟲谷，開始她長年的隱居生活，直到2003年過世。

停在岡山空軍軍史館的美齡號

停在岡山空軍軍史館前的中美號（波音 720B: 1972-1991 ）

　　顯然專機中隊的任務就是提供高官貴人搭乘。早年，專機隊有幾種等級的飛機與招待，像是「沙發機」就是機艙內設沙發，專供院長、總司令人士搭乘；「半沙發」則是沙發不如沙發機那樣多且豪華，專供部長、上將級人士乘坐；至於「普通機」則是沒有沙發，只有面對面式的一般坐椅，供中將、少將級的長官搭乘。如今設備皆已更新，就不再有這種區分了（尖端科技電子報）。

　　專機中隊的隊徽設計理念是最有歷史味的。一位推車車夫手推一輛輦（古時帝王乘坐的交通工具），前頭還有一盞照路的燈籠。專機隊的任務不言而喻，象徵著不分日夜，搭載各級長官貴賓到處跑。

專機中隊的隊徽

　　總統專機駕駛、黑蝙蝠俠推手與華航創辦人的衣復恩將軍，讓黑蝙蝠中隊與專機中隊及華航的關係密切，從 3831 部隊、南星、北辰、大興計畫，都有中隊的身影。 於是華航在 1959 年 12 月 16 日成立， 兩架 暱稱黑貓的 PBY-5A 水鴨子（B-1501, B-1503），首航松山到日月潭。開始了亦民亦軍的空運史。不過在此前後一段期間，台灣的民航是由民航空運（CAT）主導，該公司由 1946 年的空運大隊轉型成立（陳納德），後來陸續成立美航、亞航與南航等子公司，直到 1968 年 2 月 16 日 CAT 的超級翠華號（B-1018 波音 727）失事後，於同年四月結束營運。另外有一家復興航空，早期接受國防部的包機業務，專非離島。

　　其中北辰計畫（1961-69）使用 C-46, C-47，由 烏鉞領軍帶 23 人赴寮國，使用假名開始與私營飛霞航空合作，業務包括班機、運補與夾帶反共救國軍。1962 年再為寮國皇家航空飛國際航線。當時黑蝙蝠的戴樹清飛行官在寮國航空服務，曾因政治不穩定，為保全飛機，不得

不在永珍機場向叛軍投降。其他黑蝙蝠隊員還包括張聞鐸飛行官、王日益飛行官、戴邦仁飛行官、李邦訓飛行官、李祖峰飛行官、黃龍翔機械員等。

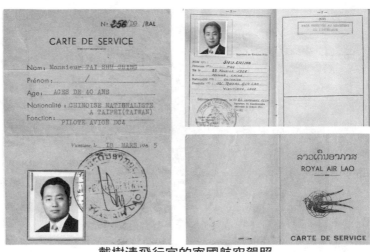

戴樹清飛行官的寮國航空駕照

另外在1960年代，華航與寮航曾經交換空姐服勤，第一條定期航線台北花蓮航線（1962年10月31日）曾出現寮國空姐，甚至參加1963年的國慶閱兵活動。當時正駕駛陳章相，其夫人賣票兼客串空姐。

南星小組（1962-75）也是23人，以C-54: B-1801與C-46飛機到越南，當時法勇華假名叫George，衣復恩假名爲蕭濟民。後來柳克榮飛行官也曾在越南航空服務。黑蝙蝠中隊與華航皆有南星計畫，因此任務重覆，關係真的複雜。

東南亞任務結束後，中隊人員陸續回專機中隊與華航。戴樹清1960年到華航，是727噴射機華航首先受訓的八個人之一，因此台灣第一架噴射客機（編號B-1818）於1967年3月3日來台。

後來於1972年又奉派赴美試飛707，飛回台北當年另一位黑蝙蝠法勇華修護主任也一起前往。柳克榮飛行官，爲第一位完成波音747駕駛訓練，獲得飛機駕照，並於1975年將第一架747（747-100型）飛

回台灣者。（《風雨華航》，2002， 曾建華，台灣壹傳媒）

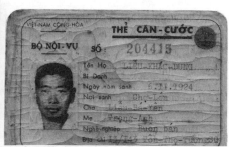
柳克嶸的 747 完訓證書與越南航空駕照

專機中隊曾數次載送當時空軍總司令、國安會蔣經國副秘書長與美國CIA台北站克萊恩站長來新竹視察黑蝙蝠中隊。值得一提的是當時專機配有服務員，這此鮮少曝光的軍中空姐正式名稱為「空服士」或「總統專機行政士」，她們是穿著軍便服在專機上服務的女士官。

照片中右方空服士為曹開武小姐，於1962-1963年期間服勤，1963年獲選為第三屆中國小姐。在曹小姐德記憶裡，至少有三次黑蝙

軍中空姐與新竹基美國工作同仁在新房子合影
右一：為曹開武小姐，右二為 Smith 先生（基地機械工程師）
左一：Baker 先生（基地通訊工程師）

蝠中隊的專機任務，隨黑蝙蝠中隊完成任務後，空服士們會在晚上前往新竹基地，與回航的隊員們一起吃宵夜。同行者有蔣經國副秘書長、衣復恩將軍與美方桑鵬將軍（13航空特遣隊司令）。空服員隨機的其他任務還包括蔣經國副秘書長專機二次到桃園巡視黑貓中隊；蔣經國副秘書長專機到菲律賓，主持與觀賞雷虎小組表演；蔣經國副秘書長專機到西貢，弔唁被暗殺的越南總統吳廷琰（1963年11月1日南越發生軍事政變，總統吳廷琰及其弟吳廷柔成為政變的犧牲品，慘遭槍斃。一個革命司令部接掌南越政權）。

1964年第九屆隊慶暨授勳晚會，其中一架蔣經國先生15794號專機抵達新竹基地。每架專機只有一位軍中空姐，因此以下之合照代表當天晚會有三架專機前來新竹。

當時曹開武所參加的中國小姐選拔活動開始於1960年，但是只辦四屆就叫停，除第一屆只選出一名外，二、三、四屆每屆各選出三

三架專機前來空軍基地授勳晚會

名冠軍，因此中國小姐先後共10位。其中第二屆中國小姐李秀英參加倫敦「世界小姐」選美，先獲第二名，後來判定第一名結過婚而除名，

因此遞補為世界小姐第一名，在台灣成為風潮，此後1962年第三屆中
國小姐選拔更引人關注，該屆後來選出方瑀、江樂舜、劉秀嫚與第二
名曹開武、金乙黎共5位。同年方瑀代表參加美國長堤世界小姐選美，
劉秀嫚代表參加邁阿密環球小姐選美，江樂舜代表參加倫敦世界小姐
選美。當然獲選後5位中國小姐也有一些任務，例如6月16日同至金
門前線慰問官兵，並且施放心戰用空飄汽球；6月23日亞運足球全國
總選時，由曹開武代表獻花。

　　1963年9月1日花蓮港開放國際港是一件大事，行政院副院長王
雲五及各部會首長、省政府黃主席以及各廳處長都前來觀禮。花蓮機

1960 第一屆中國小姐選拔（台北市信義路國際學舍）

參與公益事務的曹開武
資料來源：國家文化資料庫

場當天共起降飛機22次,都是載運中外貴賓前來觀禮的。在機場候機室,黃主席曾對基隆港務局長曹開諫開玩笑說,你也該順便接接你的妹妹曹開武(當時曹開武已轉至華航當空中小姐,當天隨機至花蓮),曹局長趕忙否認曹開武不是他的妹妹。1965年7月31日華航台北馬公航線開通試航,當時曹開武仍為空中小姐,見證了歷史。她也繼續關心與參公益事務,例如曹開武曾於1965年12月擔任中國佛教會的「佛教親善大使」。後來曹開武小姐轉任地勤,擔任桃園中正機場華航貴賓室主任。

老美夜訪黑蝙蝠

—另類國民外交—

　　李崇善上校回想當年因爲任務關係接觸老美，進而有機會將他們邀請至家中聚餐閒談，因此李上校及家人也從事了難得的「國民外交」，在當時一般眷村較狹小，能夠邀請友人家訪的機會其實不多，所以這些中美「國民外交」的故事與照片顯得格外珍貴。其實李崇善一家曾先後居住於新竹機場11大隊之簡易宿舍、空軍一村（1954-59年），時間約五年。更早李夫人未婚前曾居住於空軍15村（1949-54），父親爲空軍八大隊33中隊士官長。早期眷村屬暫時性設施，臨時隔間，包括大家熟知的「竹籬笆」，浴廁通常在室外且公用，隔音非常不好，可說是另類的雞犬相聞。

竹籬笆生活一瞥

　　居住於眷村的李崇善上校當時已開始接觸神秘任務，白天需要休息，有時隔壁麻將聲通宵達旦，因此興起搬家念頭。後來因緣際會在

1960年經土地銀行貸款買下一棟位於西門街的日式宿舍，有庭院、廚房、客廳、獨立臥室與衛浴設備，相較於眷村已屬寬敞，其空間配置圖見圖。

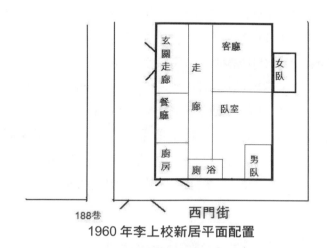

1960年李上校新居平面配置

　　當時美方同仁希望在台服務期間，能夠有機會拜訪我方同仁家庭，因此1965到1970年間，美方同仁共七次訪問李家，偶有同仁在李家用餐，李上校更不時安排導覽新竹景點，例如天公壇、海埔新生地與青草湖等。準備中餐也就成為李夫人大展身手的機會了，當年李上校家中已購二手美製冰箱，仍然需要兩天前到東門市場採買食材，幾次後發現老美喜歡酸酸甜甜的味道，所以基本上菜單是十道菜，包括糖醋排骨或魚、珍珠丸子、八寶飯等。

美方同仁來訪李家時間表

時間	美方來訪者
1965 年 4 月	Larson 少校夫婦來訪
1966 年 7 月	Johnson 少校夫婦由美來訪
1967 年 1 月	Higerling 上校全家來訪
1968 年 3 月	Williamson 先生來訪
1969 年 5 月	Davis 行政官全家來訪
1969 年 8 月	Vale 全家來訪
1970 年 6 月	Corke 夫婦來訪

　　當年美國貨的 Ponds 冷霜與絲襪非常熱門，不但成了出海外任務的首選採購品，連老美也知道用這些為送禮的首選。因為絲襪為當時的高檔品，也因此在新竹中正路還有專門修補絲襪的生意。

　　1966年3月到10月，為執行「南星三號」任務，選派14位隊員赴美德州與佛羅里達州接受「大鵬2號計畫」，培訓C-123K技術。隊員去回程時須在舊金山轉機，當時受到Johnson少校（美陸軍退役少校）及其他接待家庭的照顧。因此同年12月，Johnson夫婦來訪台灣時，我方即邀請他們至李上校家中作客，Johnson夫婦先乘火車至新竹車站再轉三輪車至李府，令其印象深刻。Johnson夫婦家庭曾協助接待不少台灣前往受訓的空軍，其中包括後來擔任參謀總長的黎玉璽將軍，因此前一次造訪時，黎玉璽將軍派飛機接送Johnson夫婦到金門參觀訪問。

Johnson 少校夫婦參訪天公壇（1966 年）

　　讓李崇善上校一家人更難忘的是1967年2月4日農曆新年受邀訪問在陽明山美軍顧問團宿舍的Sidney W. Hagerling（夫人Ruth）家，在客廳合影，當時吃到棉棉糖，迄今仍記得，李老師並收到一條橘色項鍊的禮物，李夫人收到一盒黃色系列信封與信紙禮物，後來給了李老

師，事隔數年，仍然記得信封與信紙的淡淡香味。

　　小朋友一起出去玩，李崇善的女兒與Hagerling小姐一起打電話羽毛球。接著孩子們又在社區電影院看電影，並吃到生平第一次的爆米花，成為一輩子的兒時回憶。

Johnson 少校與李家一對子女
合影於竹師附小

陽明山美軍顧問團宿
Hagerling 家（1967/2/4）

於陽明山 Hagerling 家客廳合影

Corke 夫人參觀天公壇

Davis 太太與家人參觀青草湖

李崇善提供

　　李崇善上校也述說一個空軍與清華大學有關的故事，當年空軍通訊學校的電子、電機師資與設備領先大學，因此在1950年代有關單位要求空軍通校派遣老師到四個主要大學（台清交成）任教，此派遣被稱為「四大皆空」。其中李育浩教授與唐明道教授（1927-73）到清華大學任教，李育浩教授主持建立加速器館，教授物理學；唐明道教授主授「應用電子學」。經過探查，清大校園除了梅園：梅前校長墓園外，還有唐明道教授墓園，位在十八尖山光明頂右側風車邊，雖已遷移，但墓園仍在，內有當時蔣中正總統題字「明道同志千古　軫惜英才」。

　　1999年10月6日，33位當年曾經在新竹工作過的美方人員再度回到台灣，在圓山飯店與我方黑蝙蝠中隊人員聚會，也到新竹基地舊地重遊。其中幾位在10月12日到慈湖，獲得特別許可，在靈前與老長官蔣經國遺像合照。

　　黑蝙蝠中隊前後有148位陣亡，用生命換取的待遇也當然好一些，李崇善上校記得在1962年花1.5萬買了一個美國二手電冰箱，如要訂東西，登記之後由台北PX直接送來，包括水蜜桃罐頭、罐裝汽水等。當然也記得一些八卦，例如在PX工作的空軍眷屬，有3人移情別戀嫁給老美。

黑蝙蝠與美軍顧問團

——游泳池畔的 Party——

由於衛星時代的來臨，我方於1967年7月停止大陸偵測，黑蝙蝠中隊的任務轉向東南亞，美方人員也開始撤回。依Donald Jackson（1959-62年派駐新竹之美方電子主管）的訪談確認：黑蝙蝠中隊（西方公司）與美軍顧問團爲兩不同系統。因此1967年7、8月間黑蝙蝠中隊的幾位隊員與美方人員曾經受邀至美軍顧問團宿舍參加池畔party，此乃極爲難得的偶遇。party全是男生，白天游泳，喝酒聊天；晚上吃飯。依據李崇善上校的印象，參加者有Davis、Edward、桑德斯、Cock、威爾、Hackens、Steven、Hagerling，都爲黑蝙蝠中隊的電子組成員，例外爲Steven機械士官，曾擔任美國空軍司令李梅將軍專機的機務長。其中Hagerling（海軍陸戰隊備役中校）爲當時西方公司電子主管，我方對口即爲李崇善上校。

不少西方公司美方人員住在台北陽明山美軍顧問團宿舍，搭乘C47交通機：週一下午來，週五中午回。在新竹住在黑蝙蝠中隊隊部2樓或西方公司樓上招待所。有人認爲一些西方公司美方人員曾居住於美軍顧問團宿舍。由於美軍顧問團包括各軍種，但在新竹仍然以空軍（新竹基地）爲主。在漸漸出現的可能名單中，R. C. Long（司徒婉玲女士　鄭媽媽：鄭錫基夫人　當年服務的美軍顧問雇主）、Roy E. Rayle中校、William Sand少校、Joseph Manguno中校、Charles Gross少校、Jerrel Williamson、Ed Zimmerman、Teddy Brass等。

下篇

美軍顧問團在新竹

美軍眷村在新竹

—黑蝙蝠的好鄰居—

　　新竹在日治時期就是戰略重地，當時駐防的軍事單位包括第九師、海軍航空隊總部、日本第一航空艦隊司令部、第61海航空廠軍第六燃料廠本部等。其中第61海航空廠軍第六燃料廠就在新竹市現光復路夾公道五沿線地區，當時爲日本南進基地的油料補給重地，其相關設施包括主廠的大煙囪（現建功國小附近）、海軍子弟學校/海軍工程部（現光復中學）、海軍新村（現光復中學旁邊）、海軍子弟學校老師宿舍（現光明新村）、第六燃料廠化學工廠（曾爲美軍顧問團宿舍與清大北院，已拆）、海軍第六燃料廠油庫（現中油油庫）、海軍消防湖（現清大成功湖）、總督府天然瓦斯研究所（現工研院化工所）、日本玻璃（硝子）株式會社（現帝國新廈）。1944-45年間，日本第一航空艦隊司令部在菲律賓所創立的「神風特攻隊」也曾在駐紮在新竹基地，隊員們居住於十八尖山的山洞中。以上日軍人員，特別是非武裝人員攜眷所居住之處所，仍應屬廣義的「日軍眷村」。

　　台灣光復（1945年），大陸淪陷（1949年）。台灣成爲反共堡壘，於是美軍顧問團（MAAG）於1951年5月1日抵台設立，至1979年4月26日止共28年，最多時有2347人，總部在中山北路（現爲足球場）。1955年駐台美軍協防司令部成立（現劍潭青年活動中心）。

　　台銀奉命在各地爲美軍顧問團興建七處宿舍，其中包括陽明山（當時也提供給 MAAG 台北總部的員工當宿舍）、天母、樹林口、清泉崗宿舍、台南、屏東與新竹宿舍等。此外，同一段時間（1949-69年）日本軍事顧問團：白團，最多時有83人，繼續協助台灣執行「反攻大陸」的任務，1951年在新竹湖口地區曾由第32師執行「實驗師團」實兵演練計畫，打算訓練成「中山師」；1959-62年間曾在新竹的陸軍大學「科學軍官儲備訓練班」培養了171位軍官。當時日本軍事顧問團的宿舍（含眷舍）位於北投。

　　另外一件外國軍事合作案，就是在1952年CIA與台灣（主事者爲蔣經國先生）成立「西方公司」（現東大路與北大路交界處：東大

路102號），負責設立在新竹之黑蝙蝠中隊（空軍34中隊）與在桃園之黑貓中隊（空軍35中隊），主要任務為從事大陸空中偵測。從1953年起到1967年止，黑蝙蝠中隊（飛B-17與P2V）出任務838架次，殉職148人。黑貓中隊於1960-1972年期間，專飛U2，任務期中，出任務122次，共有12架與10人殉職，2人被俘，非常悲壯。台北市「懷生國中」、新竹市「載熙國小」與宜蘭縣「南屏國小」即分別紀念黑貓中隊為國捐軀的陳懷生（1962年9月9日）、吳載熙（1966）與李南屏（1964年7月7日）；屏東縣東港「以栗國小」即紀念黑蝙蝠中隊的周以栗（1962年9月9日）（詳見空軍子弟學校章）。

由以上背景，可知日美等「外國眷村」曾在新竹落腳，眷村史一直是新竹市的特色，也因此近年在各方協助下成立了全台首見的眷村博物館。外國眷村史的加入，一方面豐富了眷村史的「異國文化面」，另一方面，讓眷村史更加完整。

水泥牆建成的美軍宿舍在當時和我軍眷村形成了強烈對比

本文針對原新竹的美軍顧問團宿舍，採用口述歷史的方法，訪問7位報導人，加上以電子郵件訪問2位當時美軍及其眷屬，初步探討美軍眷村在新竹的歷史。

新竹市有46個「國軍眷村」，以「竹籬笆的春天」表現其文化

基調，累積了不少有「新竹脈絡」的故事，因而成立了全台灣第一處眷村博物館，豐富了新竹市的文化內涵。而「美軍眷村」的出現，一方面補充了「新竹市眷村史」的缺角，另一方面，也為新竹市的「文化多樣性」多一個註腳，包括文化震盪。當時美軍顧問團宿舍隔著建功一路就是陸軍公學新村（490戶），過建中路的新源街是陸軍赤土崎新村（219戶），隔著建美路是北赤土崎新村（15戶）與空軍忠貞新村（218戶），周圍還有更多的「國軍眷村」，如陸軍文教新村（98戶）、陸軍北精忠新村（31戶）、陸軍南精忠新村（69戶），再外圍還有陸軍貿易二與八村、陸軍金城新村、敬軍新村、日新新村等。換言之，一個34戶的「美軍眷村」被周圍至少12「國軍眷村」包圍，最近的一圈有四個「國軍眷村」，共942戶。待遇顯然「天壤之別」，以眷舍空間而言，「國軍眷村」甲種11坪，「美軍眷村」標準型為120坪（屋內65坪，前後院55坪），其他如薪水、戶戶汽車、電冰箱、有幫傭、PX福利等，都是文化震盪。由於美軍顧問團是「冷戰」時期的產物，因此其與「國軍眷村」的交流鮮為人知，相對於「國軍眷村」的「竹籬笆的春天」，「美軍眷村」可稱之為「水泥牆的冬天」。

美軍顧問團宿舍起建緣起

─水泥牆後的故事─

　　美軍顧問團宿早期爲日本海軍第六燃料廠的化學工廠，1943年11月25日中美聯合空軍第23戰鬥機大隊的七架P-51野馬與8架P-38戰鬥機，掩護第308轟炸機大隊的14架B-25轟炸機，轟炸新竹機場（周斌、鄒新奇編著，《中國的天空》，北京：鳳凰出版社，2009，〈新竹之火〉，頁325），1945年4月4日（農曆）開始轟炸市區，第六燃料廠化學工廠也無法倖免，夷爲平地後成爲稻田。不過四根大煙囪僅存一根，將成爲軍事文化遺蹟。總計起來，新竹市在二次大戰期間遭到盟軍飛機轟炸的落彈量，排名全台第一，數量爲2340噸，而高雄是2290噸；台南1860噸。可知當時新竹的戰略重。

1943/11/25 空襲新竹之空照圖

海軍燃料廠　訴說二戰的故事

日戰敗主管切腹、稚女50年後重遊舊地
第六海軍燃料廠　感人故事多

第六燃料廠相關剪報

　　光復後，日化學工廠先由中國商業銀行擁有產權，後來因應美軍顧問團協防需求，行政院要求台銀興建宿舍，台銀以40元一坪之價格向中國商銀購買，1955年時，由香港營造廠陸根記得標興建，1956年新竹的美軍顧問團宿舍完工進住。想必為慶祝中美合作（中美建功），該宿舍三邊分別命名為建中路、建美路與建功路。一共興建34戶，後來美軍顧問團再增建游泳池、與地下貯水槽與會館，會館是休閒活

動的場所，包括醫務室、圖書館及電台，而該電台爲美軍海岸線雷達系統之一環，對面（現創世紀靠中油處）還增建簡易壘球場。當時大門有兩處（29與31號側），面對現在之公道五。美軍顧問團來新竹，也是攜家帶眷，每兩年轉調一次，以空軍爲多數，亦有幾位陸軍，擔任陸軍軍團與龍潭兵團司令部的顧問，官階較高者爲上校，有幾位士官。當時美軍軍官俱樂部在現今稅捐處附近，士官俱樂部在光復路與食品路交叉口附近，因此也是生活與社交的中心。當時美方眷村每家都請數位幫傭者，薪水每月5塊美金，吸引眷村的太太們來工作，貼補家用，並以東大新村爲大宗。每逢感恩節與美國國慶日，會舉行活動，並邀請華人同事一起慶祝。由於宿舍興建時是爲美軍顧問團量身訂作，因此有車庫、壁爐及煙囪，美製車型大多爲旅行車，美軍每兩年轉調時通常會賣掉車子與電冰箱、洗衣機，這些家電用品在當時屬稀有品，因此促成新竹的小小市場，當時甚至產生幾家專門收購的公司。壁爐及煙囪在冬天爲常態使用，白煙裊裊成爲非常獨特的景觀。

美軍顧問團宿舍

在資料蒐集時訪查當時負責監督並擔任6年台銀新竹美軍顧問團宿舍管理員的梅祥林先生，他指認了當年種植的樹，也指認了一顆當年美軍住戶種植的椰子樹，高度與樹輪可述說其歷史。當時美軍顧問

團在新竹負責新竹基地，因此有不少飛行教官居住，因此生活中茶餘
飯後的閒事有很多，例如梅先生瀏覽門牌時回憶起七號住戶的上尉飛
行教官出任務時，其太太每每帶著小孩在院內走路，看來心情緊張不
安，直到任務完成才放鬆。以及當時一號住戶美方空軍中校的妻子愛
上中國空軍聯隊一位飛行中隊隊長，喧嚷一時，後來該美空軍中校請
調回美國，才結束此一八卦事件。

1980 年代美軍顧問團宿舍舊址

1990 年代美軍顧問團宿舍舊址
資料來源：潘國正

家務服務與美軍顧問團

—眷村夫人們的外快—

在林樹、潘國正等於1997年編著之《新竹市眷村田野調查報告書》中242-244頁篇幅中曾訪問當年美軍顧問團從事家務服務的司徒婉玲女士，由報告書中可獲得許多當時的生活。鄭媽媽服務的美軍顧問雇主為 R. C. Long，稱龍先生，或暱稱 Morris，與夫人及一男一女兩個小孩一起居住。鄭媽媽從事家務服務的時間為1958-77年，而美軍顧問團在1979年劃下句點。

美軍顧問團住戶 Mrs. Long 與司徒婉玲及謝太太
資料來源：鄭炳熹先生

當年物資尚缺乏，但透過雇主龍先生與夫人，鄭媽媽亦能分享美國蘋果、巧克力等稀有食品給家人，鄭炳熙先生至今仍無法忘懷。由於居住於東大新村（空軍十村），離機場不遠，也見證「福樂牛奶專機」運送牛奶、雪糕、冰淇淋到新竹機場，讓人大開眼界。這些物質當然送到軍官與士官俱樂部的PX，PX由美憲兵看守，鄭媽媽大都隨龍夫人進場採購，遇國慶日，因為也開放小朋友進場，所以鄭先生也有機會進入PX，看到大型冷凍櫃裝著冷凍雞、罐裝汽水等，場內還有吃角子老虎，讓人印象深刻。後來因應美國物質的需求，美乃斯與

新復珍也成爲美國食品委託行，美乃斯更擴大營業，成爲麵包及百貨市場。

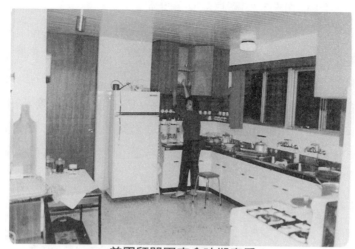

美軍顧問團宿舍時期廚房
資料來源：鄭炳熹先生

美軍顧問團尋找家務服務，透過司機介紹爲多，也同樣是空軍脈絡，因爲司機皆爲空軍服役者。也因此家務服務者大多爲空軍眷村的家屬，如鄭媽媽與其副手謝太太。甚至美軍顧問團轉調的二手家電也由司機們牽線出售。至於陸軍眷村的家務服務則以雜工、電工爲多。

當時美國小孩們也是要上學的，由於美國學校在機場附近，黃色學校巴士行經東大路，沿途會停幾站接送小朋友上下課。小朋友們穿著五顏六色的衣服，用綁書帶綁著兩本書，在帶上一個牛皮紙袋，我方小孩子都很羨慕以爲要去遠足。鄭媽媽後來告訴好奇的小孩，美國小朋友沒有制服、書都在學校，還有牛皮紙紙袋就是「美國便當」，裡面是鄭媽媽每天爲龍小孩準備的三明治、一顆蘋果、一瓶果汁。

當時龍先生爲主管職，偶爾會舉行 party 招待中美空軍相關人員，鄭媽媽除了張羅食物飲料外，也要幫忙龍夫人打點行頭，因此也數度陪同前往永光行訂製旗袍，當時永光行在現在市內三角公園交通銀行

斜對面。現場也看到其他美軍眷屬與黑蝙蝠中隊的夫人們訂製旗袍，
party 除了在顧問團宿舍舉辦，也會在西方公司舉行，蔣經國先生與夫
人也常來參加，當時蔣經國夫人也穿旗袍。

　　後來龍先生轉調美軍顧問團台北總部，鄭媽媽也隨同前往，住在
天母的顧問團宿舍，離家更遠了。當時鄭先生還是孩子，不勝思念之
情，後來獲得龍家人的許可，鄭炳熹先生曾利用暑假到天母看媽媽。
也幫鄭媽媽作些家務，清掃環境。鄭先生回憶：「龍夫人後來知道了，
拿了一本PX購物目錄，要我在裡面挑選禮物，也送我一隻他們家哈
士奇Lucky生的小狗。這個暑假，一輩子都會記得。」鄭媽媽特別的
人生際遇，也帶給家人特別的回憶。

Rayle 中校家（3 號）的家務服務包括帶小孩

美乃斯麵包店與美軍顧問團

—美方產品供應商—

　　美乃斯麵包店於1953年在中正路現址開始營業，由羅家四兄弟經營。其店名Venus由一位在圖書館工作的朋友所取，採日文發音，故爲美乃斯，而非「維納斯」。本來專營麵包，後來因應美軍顧問團來台與美國物質的流入與需求，乃開始兼營其他美國食品。後來規模越來越大，居然成爲「美國貨委託行」，除了食品外，還有當時很稀奇的紙尿布、電毯、廚房雜貨、衣服等，而食品則包括起士、花生醬、整桶冰淇淋、酸瓜（Pickle）、牛排等。

　　其貨源來自台北晴光市場，有時遠至基隆港與高雄堀江市場，當然部分貨源由美軍顧問團各地的PX流出。客源主要爲美軍顧問團眷屬、教會等外國機構與菲力浦等外商公司（現荷蘭村）。

MAAG 東美路 45 號大門警衛室

　　美乃斯經營人之一的羅安雄先生回憶說，1967-70年間，他負責外務，包括外地採買與外送，當時曾進出美軍顧問團數十次，甚至包括對面的中國煤礦開發公司的宿舍。一般而言，美軍眷屬或幫傭到店裡採購，會請求外送。或者以電話訂貨，再集中外送。有時外送至東美路45號大門警衛室，再由其轉送。有時俱樂部叫貨，他就直接送給

廚房湯師傅，後來湯師傅成為轉賣二手貨冰箱與烤箱的商人，當時店址在現培英國中對面。大件如汽車則由當時「中美汽車」收購販售。如果俱樂部要辦理 party，連雞尾酒也委請美乃斯麵包店代辦，由羅安雄先生送到現場。由於俱樂部前有游泳池，因此 party 常在游泳池畔舉行。

當時羅安雄先生送貨所開的汽車，上有英文 Venus 及一隻美國流行的「太空飛鼠」，也應該稱得上那時期新竹的「行動地標」，一方面太空飛鼠與空軍的連結，另一方面，產生了「美乃斯」就是「美國 Nice」的連想，就讓它成為美麗的誤會吧！

三輪車與 Snoopy 之戀

—冷家姊妹與顧問團淵源—

　　美軍顧問團宿舍在新竹的期間（1956-70年），其東美路大門對面有中國煤礦開發公司的宿舍，由大倉庫改建，約有60戶。當時公司總經理余物恆先生一家四口與新竹礦區主任張炳武總工程師一家皆居住於此宿舍，後來與美軍顧問團產生奇緣的則是其女張立慶女士。由於美軍顧問團宿舍為一封閉型社區，因此頗具神秘性，被視為「租界」。

　　當時冷靜與冷彬兩姐妹的母親張立慶女士還是孩子，因此常與童年玩伴常騎著腳踏車自光復中學那頭的大斜坡（現建中路）衝下來，然後停下來，隔著圍牆看著美國小孩玩鞦韆與在小游泳池內玩水，印象深刻。總經理余物恆一家曾在美國居住，因此認識了美軍顧問團宿舍的幾戶人家，余總經理太太還曾教他們中文。

　　另外，張立慶女士媽媽的朋友陳媽媽當時在裡面幫傭。因此當美軍顧問輪調時，會舉行車庫拍賣（garage sale），也會透過余總經理太太與陳媽媽通知，距離最近的中國煤礦開發公司的宿舍就成為主要購買者，也只有車庫拍賣時，才有機會進入美軍顧問團宿舍，當時初中（竹二女，現培英國中）的張立慶女士因此有機會一探「租界」的神祕。

　　車庫拍賣為美國人的一種生活方式，特別在搬家時會舉辦。美軍顧問團宿舍的車庫拍賣也不例外，依張立慶女士的印象，拍賣的東西擺在車庫與路邊，有時也擺在室內，因此有幾次能「登堂入室」，進入其客廳選購商品。拍賣的東西五花八門，對應當時的台灣社會，也是一種文化震盪。當時對面中國煤礦開發公司的宿舍內，每一戶都有車庫拍賣購得的東西，大至傢俱，小至衣服。張立慶女士初中時期穿的洋裝以及現在仍在使用的康寧碗盤皆是，美軍顧問團宿舍的車庫拍賣成為她人生難忘的經驗。印象深刻的是高一時，見證到美軍顧問團二棟宿舍失火，也是生平第一次看到火災。

　　張立慶女士記得某次車庫拍賣時，張媽媽以250元台幣買了一輛三輪車，三個大輪子配上鍊條，成為當時最拉風的兒童「座騎」。張立慶女士長大之後又傳給堂兄弟姐妹們，其間三輪車還曾「進廠檢

修」，由當時中國煤礦開發公司的總務維護並新裝輪胎，讓三輪車「重新出發」。20年後，三輪車居然又回到張立慶女士的女兒冷靜處。一輛美國三輪車跨越母女兩代，真是「三輪車，兩代情」。

1982 冷彬騎美國製三輪車，是 1957 年
冷媽媽 10 歲時買的。
資料來源：張立慶女士

某一次美軍顧問團輪調搬家時，留下一些書籍，其中也包括兩本 Snoopy 漫畫書，當時幫傭的陳媽媽將這兩本漫畫書送給立慶，張立慶女士看了看就留下來，並未迷上 Snoopy。張立慶女士嫁給冷爸爸後成為冷媽媽，先後生下冷靜與冷彬兩姊妹，兩本 Snoopy 漫畫書成為冷媽媽說故事的材料，從此「一發不可收拾」，冷媽媽為台灣培養了兩位 Snoopy 愛好家與收藏家。Snoopy 50 週年時，台灣也舉行慶祝活動，冷靜與冷彬兩姊妹當然不能缺席，更擔任義工，由於他們對 Snoopy 如數家珍，每天穿著各地收集而來的 T-Shirt 出席慶祝會，她們的故事才

開始被傳頌。檢視冷靜小姐的長年收藏，說擁有一間「Snoopy博物館」也不爲過，冷彬小姐更走入漫畫世界，翻譯兩本由遠流出版的Snoopy漫畫書。而這些令人感動的故事緣起於當時的美軍顧問團宿舍與其車庫拍賣。

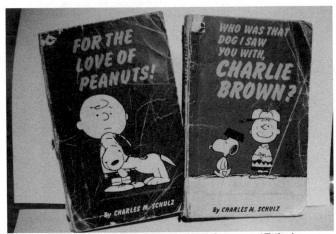

1968 年從美軍顧問團流出的 Snoopy 漫畫本
左邊是 1952 年出的第二集，右邊是 1956 年出的第六集
資料來源：張立慶女士

冷家姊妹相關剪報

美軍顧問團宿舍印象

—眷村童年的視角—

　　距離美軍顧問團宿舍最近的眷村就是陸軍公學新村，主要由陸軍
32師與裝甲第1、2師的眷屬所構成。民國43年時，蔣夫人帶領婦聯
會在全台展開募捐興建眷村，本眷村由於募款來源主要為公立學校教
職員，因此取名「公學」，43年開工，45年完工，約490戶（後來增
建3次，最多達620戶），有三種規格：甲種11坪、乙種9坪、丙種7
坪。顯然，陸軍公學新村與美軍顧問團宿舍同步興建，同年完工。公
學新村本來是完整的布局，為配合中油油罐車通到光復路，才有建中
路將其分為東西區，東區較多甲種眷舍，又稱「大房子」；西區較多
丙種眷舍，稱「小房子」。小房子隔著建功一路，正對著美軍顧問團
宿舍的「神秘大大房子」。有一陣子軍方把「金馬獎」的眷屬安排進
住「公學新村」，又多了許多學齡兒童，而他們所讀的小學就是「建
功國小」。

Rayle 中校在宿舍旁邊為上學中的建功國小小學生拍照

　　吳慶璋先生記得1964年，當時小學五年級時，在上課時聽到轟隆
聲音，聽老師說才知道附近原海軍第六燃料廠的屋頂垮下來，一下課
一群人迫不及待跑到現場，發現壓死了一堆本來棲息在裡面的鳥，有

不少同學撿回家「加菜」。當然爬海軍第六燃料廠的大煙囪，也是難
以忘懷的童年回憶，當時鐵梯可到達大煙囪的半途，吳先生回憶起爬
到時發現大煙囪彈痕累累，還留有美軍大轟炸的痕跡。

新竹 MAAG 的童軍團合影

部分童軍在十八尖山合影

　　當年公學新村小朋友的「遊程」(range)很廣，其範圍到達丁埔與口琴橋、清華大學原子爐、煤礦局。丁埔與口琴橋是他們學游泳的地方，清華大學原子爐附近可以抓魚，煤礦局內有鐵軌直通新竹空軍基地，火車頭也可以爬。當然神秘的美軍顧問團宿舍是他們上下學必經之處，印象中曾有直升機降落到建功國小，美國駕駛員跑下來問路，問的就是美軍顧問團宿舍。當時美軍顧問團宿舍的對面（現昌益建設的創世紀基地）有簡易壘球場（也有說是棒球場）、小型溜冰場與台銀管理站，也從事換美金的服務。曾幾次看到美國雙頭螺旋直升機在簡易壘球場降落，並帶來球隊與美軍顧問團比賽，後來聽說美國雙頭螺旋直升機來自第七艦隊的航空母艦。小朋友有興趣的不是比賽，而是賽完留下來的冰塊與罐裝飲料，有備而來的還會準備鋁盆或其他容器，帶回家分享。吳慶璋先生的第一口啤酒就是在這個場合嘗試的，當然也發現含糖的罐裝飲料加上冰塊非常好喝，讓他們印象深刻。

　　除了1965年美軍顧問團兩棟宿舍火災時，吳慶璋先生曾隨救火車進來之外，莫松源先生的回憶中有幾次與同學爬牆進來，看到大小游泳池，老美小孩快樂玩水，好生羨慕。由於莫松源先生的家正對美軍顧問團的水塔，因此也看到了當年的火災。在冬天時，也看過美軍顧問團宿舍各家煙囪冒煙。但是最讓他終生難忘的是看到美軍顧問團在其國慶日放的煙火，也看到老美爬上水塔施放。當年中美合作如火如荼，但顯然中美小孩並未有互動，偶爾「互相觀看」，偶爾「中美對抗」。吳慶璋先生與同學曾有幾次用彈珠與在內的美國小孩「開戰」，莫松源先生也記得拿彈弓打鳥，常失去準頭，因此當時鄰建功一路（1-6號）的玻璃窗常常遭殃。另外留下印象的是，當時美軍顧問團宿舍的垃圾場在建中路與建中一路的交叉口，眷村的大人小孩常去「尋寶」，偶能找到堪用品，例如吉利刮鬍刀片等。

Rayle 中校的新竹映像

—美方留給新竹的彩色相片—

MAAG

Rayle中校（Lieutenant Colonel Roy E. Rayle：1917-1997）一家人（夫人與兩個小孩Brian and Bruce）於1957年4月間搭機來台，先在天母暫住，接著搬到新竹美軍顧問團宿舍（1957-59年），後來調回美國。期間Rayle中校使用一架日本製Nikon 35mm SLR照相機與柯達幻燈片照了不少彩色相片，包括當時在新竹的一些活動與當時的地標建築：火車站與國民戲院，連當時新竹美國學校也有照片，留下非常珍貴的彩色映像。

1957/10 新竹火車站
資料來源：Roy E. Rayle 攝，其子 Bruce 提供

特別與新竹美軍顧問團有關的照片更大大補充了北院前段歷史，例如新竹MAAG 97童子軍團在1959年踏青的照片，裡面出現的老美大人與小孩極有可能居住於新竹美軍顧問團宿舍，因為Rayle中校與其兩個小孩Brian and Bruce在內。另外一張1959年3月的照片其背景為美國海軍General J. C. Breckinridge（AP-176）號軍艦（1945/3/18-1966/12/1），停泊在基隆港，下船的其中一家人正要轉車到新竹MAAG報到，一樣極有可能居住於新竹美軍顧問團宿舍。

1959/3 新竹 MAAG 童子軍團
資料來源：Roy E. Rayle 攝，其子 Bruce 提供

The USNS General J. C. Breckinridge（T-AP-176）
資料來源：Roy E. Rayle 攝，其子 Bruce 提供

　　照相者Rayle中校出生於喬治亞州，成長於南卡Eastover。1938年畢業於喬治亞理工學院機械工程系，並完成預官（ROTC）培訓課程。之後因二次世界大戰而徵召入伍，初服役於非洲與歐洲之空軍單位，接觸炸彈引信之業務。服役期間「在職進修」，1949年獲MIT之機械工程系碩士，短暫在五角大廈協助砲彈研發（包括280厘米之原子砲彈）。1953奉派至麻州春田兵工廠（1794設立，美國最古老的兵工廠）從事武器研發。其中M-14步槍與M-79榴彈發射器在1957批准生產。1957年奉派來台灣加入美軍顧問團，擔任聯絡官，主要工作地點在中壢，工作包括協助國軍物流系統、車輛維護調度、武器維修，他也是當時新竹美軍顧問團宿舍的聯絡官，其所居住3號宿舍有一具熱線電話，直通國軍總司令辦公室，以便緊急應變。1959調回美國後，至國防部繼續武器研發，1963年退伍。轉入私人公司，繼續武器研發。退休後，仍持續授課與擔任顧問，1997年因阿茨海默症（失智症）去世，享年80歲。

Rayle 中校（左二）與我方同仁於中壢合影

1958 新竹美國學校
資料來源：Roy E. Rayle 攝，其子 Bruce 提供

1959/1 國民大戲院
"Fiend Without A Face" 1958 英國出品恐怖電影
資料來源：Roy E. Rayle 攝，其子 Bruce 提供

美軍牧師與新竹

—彩色相片的推手之一—

　　安德牧師夫婦（Rev. Elliot and Mrs. Ruth Aandah 1）的父母為挪威移民，安德在二歲時（1910）隨其牧師父母到中國大陸，在那裡長大，後來再回中國大陸服役直到1949年，前後共26年。安德牧師也是美國海軍陸戰隊的預備軍官（1944-66），1945年8月隨軍隊登陸塘沽，並在天津見證了日軍的投降。

　　安德牧師夫婦於1954年1月來到新竹，直到1977年退休返美，前後在台灣服務24年時間。1954到1961年間先擔任信義會牧師（包括現勝利堂），接著轉行擔任Hungtai Engineering Services（HES）台灣代表，該公司承接美國軍方人員與家屬之搬家業務。之後又回到教會系統之臺灣基督教福利會（Taiwan Christian Service），從事貧民救濟與急難救助工作（根據「480法案第三章」之美援工作）。在台的最後十年（1967-77），擔任台灣麻瘋病救濟協會的總幹事。

安德牧師

　　安德牧師在台24年間，使用柯達底片照相，1954-58間在新竹留下不少當年的影像。該批像片由Loren Aandahl授權與解說，Loren為安德牧師夫婦的最小兒子，1954-70在台灣與父母居住，直到18歲高

中畢業後（台中high school at Morrison Academy），返美唸大學。由於
該批像片保存狀態不佳，因此委託Bruce Rayle（新竹美軍顧問團團長
之子，他父親分別照了車站、國民戲院與北大教堂的首張彩色像片）
加以修護。

安德牧師之子在南大路教會附近與三輪車的合照

北大教堂興建中照片

新建完成之牧師宿舍

1950 年代時的光復路

安德牧師女兒在松山機場準備搭機回美國

1955 年新竹信義會信眾合影

1961 年安德牧師全家回美時與信眾合影

　　這批新竹照片中，包括南大路與建功路信義會早期之教會、北大路天主堂興建中照片、公園路日式宿舍、站前街景與郊外時期的光復路。當年美軍稱的 Highway 1 就是一號省道縱貫線，當時路況不若現在，由台北開車到台中需要五、六小時，因此美軍在縱貫線旁設有新竹休息站供中途休息，其正式名稱為 NCO (Non-commissioned Officers) Club，提供士官、士兵與民間廠商使用，軍官則另外使用軍官俱樂部。因此光復路在當時仍是郊外，照片攝於 1954 年，一排有竹籬笆的臨時搭建的矮房子，就是現在光復中學對面的赤土崎公園，Loren 描述其住家在該排房子的後右方（即公園路），他也指出該排房子的右邊後方就是新竹美軍顧問團宿舍。

黑蝙蝠之鏈

2011年8月初版　　　　　　　　　　　　定價：新臺幣280元
有著作權・翻印必究
Printed in Taiwan.

| | | 著　　者 | 王　　俊　　秀 |
| | | 發　行　人 | 林　　載　　爵 |

出　版　者	聯經出版事業股份有限公司	叢書主編	方　　清　　河
地　　　址	台北市基隆路一段180號4樓	封面設計	關　　婷　　匀
編輯部地址	台北市基隆路一段180號4樓	內文排版	張　　　　彤
叢書主編電話	(02)87876242轉202		
台北忠孝門市	台北市忠孝東路四段561號1樓		
電　　　話	(02)27683708		
台北新生門市	台北市新生南路三段94號		
電　　　話	(02)23620308		
台中分公司	台中市健行路321號		
暨門市電話	(04)22371234ext.5		
高雄辦事處	高雄市成功一路363號2樓		
電　　　話	(07)2211234ext.5		
郵政劃撥帳戶	第0100559-3號		
郵撥電話	27683708		
印　刷　者	世和印製企業有限公司		
總　經　銷	聯合發行股份有限公司		
發　行　所	台北縣新店市寶橋路235巷6弄6號2樓		
電　　　話	(02)29178022		

行政院新聞局出版事業登記證局版臺業字第0130號

聯經網址：www.linkingbooks.com.tw
電子信箱：linking@udngroup.com

國家圖書館出版品預行編目資料

黑蝙蝠之鏈/王俊秀著 . 初版 . 臺北市 .
聯經 . 2011年8月（民100年）. 280面 .
14.8×21公分
ISBN　978-957-08-3862-6（平裝）

1.空軍　2.口述歷史　3.中華民國

598.809　　　　　　　　　100015258

聯經出版事業公司

信 用 卡 訂 購 單

信 用 卡 號：☐VISA CARD ☐MASTER CARD ☐聯合信用卡

訂 購 人 姓 名：_____

訂 購 日 期：_____年_____月_____日 （卡片後三碼）

信 用 卡 號：_____ _____ _____ _____

信 用 卡 簽 名：_____(與信用卡上簽名同)

信用卡有效期限：_____年_____月

聯 絡 電 話：日(O)：_____夜(H)：_____

聯 絡 地 址：☐☐☐_____

_____

訂 購 金 額：新台幣 _____元整

（訂購金額 500 元以下，請加付掛號郵資 50 元）

資 訊 來 源：☐網路　☐報紙　☐電台　☐DM　☐朋友介紹
☐其他 _____

發 票：☐二聯式　　☐三聯式

發 票 抬 頭：_____

統 一 編 號：_____

※ 如收件人或收件地址不同時，請填：

收 件 人 姓 名：_____ ☐先生　☐小姐

收 件 人 地 址：_____

收 件 人 電 話：日(O)_____ 夜(H)_____

※茲訂購下列書種,帳款由本人信用卡帳戶支付

書　　　　　　　　名	數量	單價	合　　計
	總　　計		

訂購辦法填妥後

1. 直接傳真 FAX(02)27493734
2. 寄台北市忠孝東路四段 561 號 1 樓
3. 本人親筆簽名並附上卡片後三碼(95 年 8 月 1 日正式實施)

電 話：(02)27627429

聯絡人:王淑蕙小姐(約需 7 個工作天)

王玉江	王平康	王志鵬	王建中	王春生	王金銓	王津淮
王清華	王敬岱	王應清	王志雲	王萬福	牛東坡	牛碧坡
攵石嵒	攵仕成	文安裳	方濟川	白維一	田容裝	左文宣
左希仲	左瑞衡	卡灝年	伏康民	吉明奎	向國泰	朱玉銘
朱國平	朱慧初	朱錫國	朱璞吾	伍國俞	余中宇	余存胤
余恩圖	余致馨	余健民	佘偉煌	何　瑞	何世杰	何彥博
何偉欽	何儒林	何維成	李　烈	李少白	李占瑞	李仕鈞
李志文	李志高	李克明	李勁宏	李闓科	李葆生	李傅受
李敬秋	李鳴皋	李漢金	李劍雲	李錫珠	李鏡三	李其恕
李自強	呂　克	巫漢光	巫漢章	祁　澍	宋宏懍	沈乃龍
沈永洋	汪順品	杜　威	岳樹聲	岑　策	周志文	周志聖
周歲輝	周家仲	周森林	周顯承	吳芝貴	易定金	易錫鳳
林子光	邱大祥	招志強	柳克鐘	柳克輝	柳華陵	姚育杜
姚雲龍	洪澤湖	侯文德	胡　炡	祝品榮	郭　楓	郭肖儀
馬天祥	馬文超	馬可經	馬去錦	馬國標	馬德華	馬　龍
殷生邦	袁　驥	袁國楨	袁培燊	員藏文	梁雲天	梁建華
唐文燦	唐健保	唐積敏	徐闓礼	徐創成	徐家才	晏春雲
晉士涛	秦建邦	高廷鈺	高成楷	陳　彤	陳元謹	陳永光
陳延祉	陳言孔	陳　鉞	陳明照	陳炎通	陳柏華	吳永中
吳金澄	陳俊英	陳莊甫	陳偉鵬	陳順廉	陳漢臾	陳榮勝

昔日伙伴別時容易見時難

張愚	張定華	張奉明	張素勇	張雲龍	張甬驛
張聯友	張耀試	黃英	黃興	黃基	黃友壽
黃救華	張直恩	黃煒華	黃毓萱	黃懋南	黃通灼
馮北森	馮振寬	康致恭	康東新	達雛松	麥振華
麥培楨	陸鳴鈞	章勳熊	馮宝良	曹冠中	曹憲岐
彭慶國	程德勝	游永棋	溫慶榮	葉慶元	楊子江
楊後高	楊濟燊	楊景義	楊長雲	鄔仁彬	鄔永燁
董克一	趙自忠	蒲傳薪	劉雯	劉文捷	劉永迪
劉宗光	劉政民	劉建德	劉書恭	劉錦泉	劉光斌
潘少俊	潘鳳麟	黎去良	黎振布	鄧文進	蔡俊
賴德鳴	譚忠民	魏中仁	魏永世	魏品蜀	繆元喜
鄭乃德	錢記安	衛德慶	簫遠瑞	簫樹生	鍾震
龍啓國	廓闦汪	晶聯元	羅化平	羅玉泉	羅樹標
譚漢州	嚴奮顯	朱燦先	張國戚	曹環	曾祥均
許鉅圓	許川貴	鍾權	劉萬仁	韋余愚	郝適
黃自遠	李炎	喻國忠	許明照		